Fjäll/Fjell
Tundra
AF544042
HELSINKI
OSLO
STOCKHOLM
KOPENHAGEN

Für Moni

Der Autor: Hans-Jürgen Gottschalk studierte an der Universität Rostock Biologie und examinierte über pflanzenphysiologische Prozesse unter hormoneller Beeinflussung. In der Promotion zum Doktor der Naturwissenschaften untersuchte er die Pflanzenschädigung durch Aphiden und die Rolle der Prädatoren.
Seit 1979 befasst er sich mit ökologischen Untersuchungen der Gebirgsflora in der Hohen und Niederen Tatra (Slowakei), der Karpaten (Rumänien) und des Balkan-Gebirges (Bulgarien).
In den Jahren 1990 und 1991 stellte er Vergleiche der Hochgebirgsflora der Schweiz und Österreichs mit der Osteueropas an.
Von 1992 bis 1999 erfolgten Untersuchungen zur Biodiversität der Gebirge (Fjäll) in Skandinavien, mit dem Schwerpunkt Fjällflora. Daraus resultierten mehrere wissenschaftliche und populärwissenschaftliche Publikationen und zahlreiche Fachvorträge. Für die Fjäll-Wanderer und Bergblumen-Liebhaber legt er nun dieses neu bearbeitete und erweiterte Buch vor.
In den Jahren 2001 bis 2006 führte er vegetationsökologische Vergleiche an der Hochgebirgsflora in den Grenzgebirgen Kasachstan-Kirgisistan zur Volksrepublik China durch.
Gegenwärtig ist der Autor als Wissenschaftsjournalist und Naturfotograf tätig.

Danksagungen:
In Alexander Geh, Edition Elch, fand ich auch für die 2. Auflage einen engagierten Partner. Mit seinen guten Hinweisen nahm das Pflanzenbestimmungsbuch wieder eine respektable Form an. Herrn Alexander Geh sei dafür an dieser Stelle gedankt.
Wie für die 1. Auflage, zeichnet die Firma »kayscan« in der Hansestadt Rostock für die vorzügliche Qualität der Farbscans verantwortlich. Herrn Kay Sievert sei dafür an dieser Stelle gedankt.
Hans-Jürgen Gottschalk

Hans-Jürgen Gottschalk

Skandinavien – Pflanzen im Fjäll

in zweiter, neu bearbeiteter und erweiterter Auflage

mit 236 Farbfotos

Edition Elch

Der Autor des Buches hat die zusammengetragenen Angaben nach bestem Wissen erstellt, die Redaktion hat sie mit größtmöglicher Sorgfalt überprüft. Trotzdem sind inhaltliche Fehler nicht vollständig auszuschließen. Daher besteht auf die Angaben keine Garantie seitens des Verlages oder des Autors.

LESERTIPPS

Schreiben Sie uns bitte, sofern Sie Änderungs- und Ergänzungsvorschläge haben. Verlag und Autor freuen sich über jede konstruktive Wortmeldung:

Edition Elch
Stichwort: Pflanzen im Fjäll
Hamburger Straße 70
D – 63073 Offenbach am Main
E-mail: ee32@edition-elch.de
Internet : www.edition-elch.de

Zweite, neu bearbeitete und erweiterte Auflage 11/2017

Elch-Logo: © *Petra Gran*
Fotos: *Hans-Jürgen Gottschalk*
Foto Cover Hauptmotiv: *Alexander Geh*
Redaktion und Satz: *Pekka Sjöblom*
Zeichnungen: *Petra Gran*
Farbscans: *kayscan, Rostock*
Karten, Umschlag: *Brigitte Otto, Konstanz*
Produktion: *druckhaus köthen, Köthen-Anhalt*

Inhalt

Vorwort

Im Jahr 2005 erschien in der »Edition Elch« das Pflanzenbestimmungsbuch »Skandinavien-Pflanzen im Fjäll«. Weder Autor noch Verleger ahnten damals, dass die Auflage sich wirtschaftlich tragen und dass eine Nachfolgeauflage eine Chance haben würde. Heute, nach über zehn Jahren, erscheint tatsächlich die zweite und erweiterte Auflage dieses Titels. Wie die 1. Auflage ist sie in einem handlichen Format »für unterwegs« angelegt.

In den vergangenen zwölf Jahren hat die Botanik einen enormen Zugang an neuem Wissen erfahren. So kam es im System der Pflanzen zu Veränderungen durch Neuzuordnung, Erweiterungen sowie der Änderung von Pflanzennamen in deutscher und lateinischer Sprache (Rothmaler, 21. Auflage 2016, siehe unter »Literatur« auf Seite 263).

Für die vorliegende 2. Auflage wurden 23 neue Pflanzen aufgenommen, bevorzugt solche, die sich breit gefächert über das gesamte Fjällgebiet zeigen. Des Weiteren wurden nun allen vorgestellten Pflanzen die Pflanzenfamilien zugeordnet.

Das Primat gilt allerdings den Abbildungen der Pflanzen. Fauchausdrücke im Texte wurden so wenig wie möglich angewendet, da das Buch vor allem für jene gedacht ist, die keine Fachbotaniker sind. Auf Seite 16 finden Sie zudem eine Liste mit den wichtigsten (unvermeidlichen) Fachbegriffen.

Hinweise zu den Bodenverhältnissen, zum Klima und zu den Standorten der Pflanzen lassen erkennen, unter welch extremen Verhältnissen die Pflanzen täglich um ihre Existenz »kämpfen« müssen.

Der Natur- und Umweltschutz ist in der Gegenwart ein bedeutendes Anliegen. Die Zunahme des Tourismus in den Gebirgsregionen kann zum Problem werden. Jede/r von uns möge bedenken, dass sie oder er als »Gast« im Fjäll unterwegs ist, was einen schonenden Umgang mit der Natur erfordert. Deswegen seien Ihnen die (auf Seite 14 f.) gegebenen Hinweise zum Natur- und Umweltschutz ans Herz gelegt.
Der Autor im Herbst 2017

Geologie

Skandinavien ist aus geologischer Sicht uralt. Der bereits in der Erdfrühzeit (Präkambrium) vor über 1.000 Mio. Jahren entstandene Urkontinent **FENNOSARMATIA** stellte das Kernstück des europäischen Kontinents dar, allerdings ohne das heutige westliche Norwegen, das nördliche Schottland sowie das nordwestliche Irland, die zusammen mit dem heutigen Nordamerika sowie Grönland den Urkontinent LAURENTIA bildeten. Übrigens bezeichnen manche Quellen den Urkontinent Fennosarmatia auch als BALTICA.

Fennosarmatia bestand aus der Osteuropäischen oder Russischen Tafel, die dementsprechend die Bezeichnungen SARMATIA oder RUSSIA trägt, dem Ukrainischen Schild und dem **BALTISCHEN SCHILD** oder **FENNOSKANDIA**. Dieser Baltische Schild bildet das Grundgestein u.a. für Finnland, Schweden und weite Teile Norwegens; seine ältesten nachgewiesenen Spuren liegen auf der Halbinsel Kola (an der Grenze zwischen Finnland und Russland). Die Basis des Baltischen Schilds bzw. des fennosarmatischen Festlandsockels war das häufigste Tiefengestein, der GRANIT.

Nicht nur die Urkontinente drifteten aus- und zueinander, auch ihre Oberflächengestalt veränderte sich aus verschiedenen Gründen. Klimabedingte Prozesse wie Meeresüberflutungen sowie tektonische Bewegungen bis hin zu Kollisionen der Kontinentalplatten führten im Kambrium (vor 570–510 Mio. Jahren) und bis in das Ordovizium (vor 510–440 Mio. Jahren) hinein zu stellenweise kilometerhohen Sedimentablagerungen und Gebirgsbildungen in Fennoskandia, von denen jedoch die meisten im Laufe der Jahrmillionen verwitterten und wieder eingeebnet wurden.

Die Entstehung der heute noch sichtbaren markanten Gebirge Skandinaviens wurde zum Ende des Ordoviziums eingeleitet, als die Urkontinente Fennosarmatia und Laurentia aufeinandertrafen; die daraus entstehenden Aufwerfungen sind als **KALEDONISCHE GEBIRGSBILDUNG** (= Orogenese) oder als Kaledonische Faltung ein Begriff und erreichten im Silur (vor 440–415 Mio. Jahren) ihren Höhepunkt. Auf das Devon (vor 415–355 Mio. Jahren) wird der Zusammenschluss von Fennosarmatia und Laurentia terminiert; der daraus resultierende Groß-Kontinent trägt heute, je nach Quelle, die Bezeichnung

EURAMERIKA,LAURUSSIA oder LAURASIA; seine südliche Küste soll vom heutigen Südirland über Benelux bis nach Polen verlaufen sein.

Die kaledonische Orogenese hatte zur Anhebung und Faltung insbesondere Westskandinaviens und Schottlands geführt und diese auf den Baltischen Schild geschoben. In seiner Längsausdehnung reichte das als **SKANDEN** bekannte Faltengebirge von Stavanger im Südwesten von Norwegen über die schwedische Provinz Härjedalen entlang der Staatsgrenze Norwegen/Schweden bis in die Torne-Region, in das Länderdreieck Finnland/Norwegen/Schweden hinein. In ihrer Oberfläche ähnelten die Skanden zunächst den europäischen Alpen, mit spitzen, scharfkantigen Gipfeln und steilen, engen V-Tälern. Die Schätzungen, wie hoch dieses Kaledonische Gebirge zum Abschluss seines Entstehens aufragte, benennen mehrere 1.000 Meter. Gestein aus diesem gigantischen Faltungsprozess findet sich heute außer in Skandinavien u.a. auch in Neufundland, Grönland und Nordwestfrankreich.

Seine heutige Oberflächengestalt erhielt Skandinavien zum einen durch Erosion als Folge extremer Klimaperioden, vor allem aber durch die **EISZEITEN**. Erhebliche Temperaturabsenkungen und enorme Niederschläge in der nördlichen Hemisphäre führten zu starken Vereisungen, die hier über Tausende Meter Höhe mächtig waren. Mit seinem beträchtlichen Gewicht und seiner Eigendynamik HOBELTE DER EISPANZER AN DEN SKANDEN. Es entstanden Grund-, End- und Seitenmoränen. Im Endergebnis hinterblieben die für das uns vertraute Skandinavien typischen Rundhöcker, U-förmigen Trogtäler, Kare, Fjorde, Schären. Die besonders in Norwegen so eindrucksvollen Fjorde entstanden, als beim Rückzug des Eises Meerwasser in die nach Westen verlaufenden Täler drang; da der Eispanzer zum Meer hin dünner war und weniger Wucht besaß, sind die Fjorde heute im Landesinneren merklich tiefer (bis zu 1.300 Meter) als an ihrer (Schwellen-gleichen) Mündung ins Meer.

Nur die höchsten Erhebungen, wie Jotunheimen und Snøhetta in Norwegen sowie andere Gipfel, die aus dem Eispanzer herausragten, blieben in ihrer alpinen Form erhalten. Am Ende der letzten großen Vereisung vor rund 10.000 Jahren wurden weite Landstriche mit FLACHEN BERGEN UND WEITEN HOCHFLÄCHEN in der für die Fjäll-Landschaft charakteristischen Form sichtbar, wie man sie gegenwärtig in der Finnmarksvidda in Nordnorwegen und in Schweden betrachten kann. Die Ostränder der Rest-Skanden erodieren und rücken nach Westen. Als weiteres Resultat der kaledonischen Faltung gilt, dass Skandinavien bis an die Ostseeküste stufenförmig abfällt. Geologische Grenzen innerhalb des Subkontinents spielen für unser Thema keine wichtige Rolle.

Klima

Das Klima ist die Gesamtheit mehrerer Faktoren in einem begrenzten Areal auf der Erde. In seiner Gesamtheit setzt es sich aus verschiedenen Einzelfaktoren wie der Sonnenstrahlung, der Temperatur, der Bewölkung, der Luftfeuchte, den Niederschlägen sowie der Luftzirkulation u.a. zusammen.

Vergleicht man die geografische Lage Skandinaviens (55 ° – 72 ° nördlicher Breite) mit Süd- und Mittelgrönland, Alaska sowie Nordrussland in gleicher nördlicher Breite, so zeigt sich eine **THERMISCHE BEGÜNSTIGUNG** Skandinaviens. Die mittlere Januartemperatur in Norwegen und Schweden liegt immerhin um mehr als 20 ° Celsius höher als in den übrigen Ländern nördlicher Breite, die Jahresmitteltemperatur um 13 ° Celsius höher. Verursacht wird die klimatische Begünstigung DURCH DIE VORHERRSCHENDE WESTLICHE LUFTSTRÖMUNG, DIE ATLANTISCHEN EINFLÜSSE (GOLFSTROM) UND DIE OROGRAFISCHE GESTALT SKANDINAVIENS.

Die wichtigste Rolle wird dem **GOLFSTROM** zugeschrieben. Er führt warmes Meereswasser an der norwegischen Küste entlang und temperiert so Nordeuropa. Die Null-Grad-Isotherme des Monats Januar wird erst auf der Höhe der Lofoten (68 ° nördlicher Breite, bereits nördlich des Polarkreises) erreicht. Da Meereswasser erst bei einer Temperatur von –2 ° Celsius gefriert, bleiben die Häfen ENTLANG DER GESAMTEN norwegischen KÜSTE, vorbei am Nordkap, BIS in das russische MURMANSK EISFREI. Skandinaviens Westküste verzeichnet unter dem Einfluss des Golfstroms ein AUSGEGLICHENES, MILDES, NIEDERSCHLAGSREICHES KLIMA.

Auf der östlichen Seite und im Binnenland Skandinaviens zeigt sich das Klima KONTINENTALER. Es wirkt – von Osten – bis in die Grenzgebirge zu Norwegen und sogar darüber hinaus. Die Winter sind kalt und gebietsweise sehr schneereich, die Sommer wärmer und trockener als an der Küste. Weiter östlich, in die Landmasse Finnlands hinein, nimmt der kontinentale Charakter zu. Stabile Hochdruckzonen können im Sommer deutlich mehr als 30°C vermelden. In strengen Wintern dagegen wird der Bottnische Meerbusen, der nördliche Teil der Ostsee, bis zu sechs Monate von einer zeitweise dicken Eisschicht überdeckt; sie kann bis in die Nähe Stockholms und darüber hinaus reichen. Wobei der aktuelle Prozess der Erderwärmung nicht nur für höhere Durchschnittstemperaturen sorgt, sondern auch dem skandinavischen Winter zusetzt – was die Menschen vor allem in den südlichen Regionen bereits seit rund 20 Jahren in Form kürzerer Winter zu spüren bekommen.

In den Monaten März / April beginnt der Winter von Süden in Richtung Norden seinen Rückzug. In den Hochlagen bleibt es durchgängig kalt, auch wenn es zwischenzeitlich warme Tage gibt. In Jotunheimen, auf 2.000 Meter Höhe, werden im langjährigen Mittel bisher folgende Temperaturen erreicht:

Monat Mai	minus 3,0 ° C	Monat August	plus 2,0 ° C
Monat Juni	plus/minus 0 ° C	Monat September	minus 1,5 ° C
Monat Juli	plus 2,5 ° C	Monat Oktober	minus 2,3 ° C

Mitte/Ende September beginnt in den Hochlagen bereits wieder der Winter. Die kurze Zeitspanne mit Temperaturen im Plus-Bereich hat insbesondere im Fjäll zwangsläufig AUSWIRKUNGEN AUF DIE VEGETATION.

Einen weiteren nicht unbedeutenden Klimafaktor stellt die **LICHTSTRAHLUNG** dar. Sie ist je nach geografischer Lage unterschiedlich. Während in der Nähe des Äquators die Sonnenstrahlen fast senkrecht auf die Erdoberfläche fallen, verändert sich ihr Einfallswinkel in Richtung zu den Polen je nach Lage der Landmasse oder Wasserfläche und der Jahreszeit. Skandinavien gehört in der nördlichen Hemisphäre zu den Gebieten, deren Lichtangebot über das Jahr verteilt großen Schwankungen unterliegt.

Bei Gebieten, die nördlicher als 65° geografische Breite liegen und in denen sich die Sonne länger als 24 Stunden nicht über den Horizont erhebt, spricht man von der POLARNACHT. Sie tritt im Winter auf. In den Sommermonaten kehrt sich diese Erscheinung um. Die Sonne verschwindet während der gesamten Tageslänge von 24 Stunden nicht hinter dem Horizont. Diese »Dauerbeleuchtung« ist als POLARTAG oder als MITTERNACHTSSONNE bekannt. Sie dauert in Kiruna / Nordschweden vom 31. Mai bis zum 14. Juli sowie am Nordkap / Norwegen vom 11. Mai bis zum 31. Juli des Jahres. Polarnacht und Mitternachtssonne werden durch die Neigung der Erdachse gegen die Ekliptikebene der Erde auf der Umlaufbahn um die Sonne verursacht – oder anders: Weil die Achse der Erde nicht rechtwinklig zur Umdrehungsebene steht, sondern eine konstante Neigung hat, kommen die Gebiete nördlich und südlich der Polarkreise in den vollen Strahlungsbereich (Polartag) oder Strahlungsschatten (Polarnacht) der Sonne.

Vegetation

Skandinaviens Vegetation PRÄGEN SEINE GEOGRAFISCHE LAGE UND SEINE KLIMATISCHEN VERHÄLTNISSE. Im äußersten Süden Schwedens breitet sich der SOMMERGRÜNE LAUBWALD aus. Er setzt sich aus Eichen, Eschen, Buchen, Birken und anderen Laubbaum-Arten zusammen. Seine natürlichen Vorkommen sind auf Schutzgebiete begrenzt. Es dominieren Forste mit ökonomisch bedeutsamen Baumarten.

Dem sommergrünen Laubwald folgt in nördlicher Ausbreitung der MISCHWALD. In ihm treten neben den bereits genannten Laubbaumarten die Waldkiefer, die Fichte und die Lärche auf. Seine natürliche Sukzession lässt sich zum Beispiel im schwedischen Nationalpark Tiveden besonders gut beobachten, da die Mischwälder forstwirtschaftlich stark geprägt sind.

Etwa auf der Höhe 60 ° nördlicher Breite beginnt der BOREALE NADELWALD. Er ist unter dem Namen »Taiga« bekannt und legt sich wie ein Gürtel um die nördliche Hemisphäre. Im borealen (= nördlichen) Nadelwald sind die Sommer kurz und die Durchschnittstemperaturen niedrig. Die Winter beginnen im September/Oktober und enden im Mai/Juni. Zu dieser langen Winterperiode kommen extrem starke Fröste. Wegen der erhöhten Schneelasten ist die schlanke, kurzästige Fichte Picea abies obovata, eine nordisch-asiatische Unterart, am stärksten verbreitet. Dort wo die Taiga sich lichtet, wo sie von Wasserläufen durchzogen wird oder Seen und Moore vorhanden sind, breiten sich Birken und Weiden aus. Die Bodenbedeckung im borealen Nadelwald fehlt zum Teil wegen des geringen Lichtangebots. Ansonsten sind Flechten und Moose stark verbreitet. Die gering ausgebildete Krautschicht setzt sich überwiegend aus Zwergsträuchern wie der Heidelbeere und Preiselbeere zusammen. In Schweden sind große Gebiete des borealen Nadelwaldes zu ökonomisch bedeutsamen Holzlieferanten umstrukturiert worden.

Verfolgt man die Verbreitung des borealen Nadelwaldes in westliche Richtung auf die norwegisch-schwedischen Grenzgebirge zu, ändert sich die Vegetation. Der Nadelwald tritt in seiner Ausbreitung zurück. Mit zunehmender Höhe dominiert niedrig wachsendes Buschwerk, das sich aus Birken und Weiden zusammensetzt. Man nennt diese unbewaldeten Höhen »Bergtundra«. In Norwegen und Schweden gebraucht man den Namen **FJÄLL** (auf Schwedisch) bzw. **FJELL** (auf Norwegisch). In den Fjällgebieten erreichen die Temperaturen zur Jahresmitte etwa 8–10 ° Celsius, die strengen Winter sind bis zu –50 ° Celsius kalt.

Geformt durch die Eigendynamik des Eispanzers ist die Oberfläche des Fjälls VIELGESTALTIG und im Substrat vielschichtig. In Anpassung an diese Verhältnisse sind VEGETATIONSSTUFEN entstanden.

Aufgrund der extremen Umweltbedingungen im Fjäll haben die Fjällpflanzen spezielle ÜBERLEBENSFORMEN entwickelt. Krautige Pflanzen und noch vorhandene Holzgewächse erreichen im Kampf gegen den permanent wehenden Wind nur eine geringe Wuchshöhe. Andere Fjällpflanzen kennzeichnet eine kriechende Lebensweise. Weit verbreitet ist die Polsterbildung. Diese Pflanzen besitzen dicht zusammenschließende, negativ-geotropische Triebe, die vom Zentrum einen gewölbten Schild bilden; er schützt sie vor dem Wind, gleicht Temperaturschwankungen aus und reduziert den Wasserverlust. Andere Anpassungen an die extremen Witterungsbedingungen sind Wachsüberzüge, die Ausbildung von starker, weißer Behaarung sowie gerollte Blätter. Auf diese Weise wird die Transpiration eingeschränkt und die Überstrahlung durch erhöhtes Lichtangebot verringert.

Fjällpflanzen, die durch Insekten bestäubt werden, haben leuchtende Farben und / oder starke Düfte als Lockmittel hervorgebracht. Die extremen Witterungsverhältnisse ermöglichen nicht in jeder Vegetationsperiode die Bildung von Samen. Um die REPRODUKTION der Pflanzenarten zu garantieren, entwickeln sich außerdem Brutzwiebeln, Bulbillen genannt. Sie sind Achselknospen, die mit Adventivwurzeln ausgestattet zu Boden fallen und sich zu einer Jungpflanze entwickeln.

VEGETATIONSSTUFEN IM FJÄLL

Die Anzahl und die Verbreitung der Pflanzenarten im Fjäll wird von mehreren abiotischen (nicht lebenden) **UMWELTFAKTOREN** bestimmt. Dies sind:

- die Höhe über dem Meeresspiegel,
- die durchschnittliche Schneehöhe,
- das Wasserangebot,
- der Anteil von Kalk im Boden.

Die im Fjäll verbreitete Vegetation gliedert man in Vegetationsstufen.

◎ **SUBALPINE ZONE**: die Zone des Fjäll-Birkenwaldes. Sie reicht in Südschweden und in Südnorwegen 800 bis 1.100 Meter hoch. Am Nordkap dagegen beginnt die subalpine Zone auf Höhe des Meeresspiegels.

◎ Durchsteigt man den Fjäll-Birkenwald, erreicht man das FJÄLL – das baumfreie Gebirge. Nach seiner Vegetation wird es in drei Zonen gegliedert:

◎ **UNTERE ALPINE ZONE**: Sie beginnt im Süden bei etwa 850 Meter, im Norden bei etwa 300 Meter Höhe. Es dominieren Wiesen, Hochstaudenfluren und Moore. Sträucher und Seggen sind ebenfalls reichlich vorhanden.

◎ **MITTLERE ALPINE ZONE**: Sie beginnt im Süden bei etwa 1.200 Meter, im Norden bei etwa 600 Meter Höhe. Es ist die Zone der Gras- und Zwergstrauchheiden sowie der Kleinmoore und Polsterpflanzen.

◎ **OBERE ALPINE ZONE**: Sie beginnt im Süden bei etwa 1.500 Meter, im Norden bei etwa 850 Meter Höhe. Während im unteren Bereich Gräser und Polsterstauden vertreten sind, geht mit zunehmender Höhe die Vegetation in Flechten und Moose über. In dieser Zone sind der Gletscher-Hahnenfuß und die Polar-Weide bis an den Rand des ewigen Eises verbreitet.

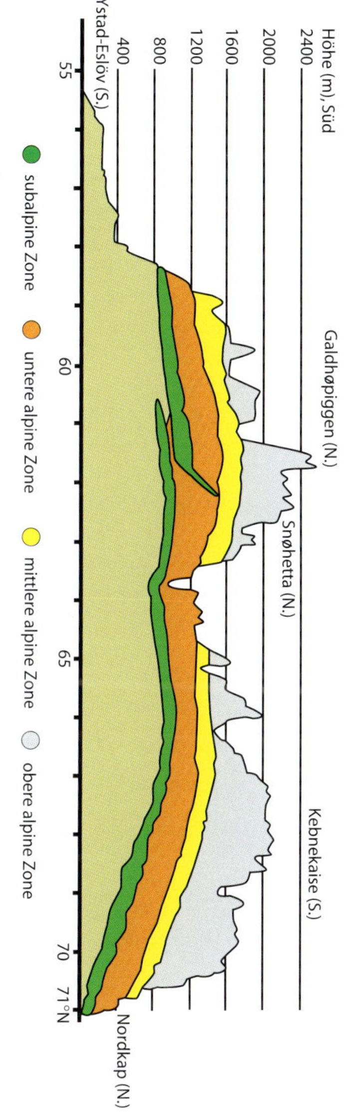

Verhalten in der Natur

Wenn den Fjäll-Wanderern die Flora, die ihnen begegnet, als recht üppig erscheint, so ist sie trotzdem sehr empfindlich gegenüber Störungen jeglicher Art. Wem bekannt ist, dass der in der alpinen Zone verbreitete Gletscher-Hahnenfuß für die Entwicklung einer Jungpflanze von etwa 20 mm Länge mindestens 3 Jahre benötigt, dem wird die Empfindsamkeit der Fjällpflanzen bewusst. Das Leben im Fjäll ist ein ewiger Kampf an der Überlebensgrenze.

ALLEMANSRÄTTEN

Das Allemansrätten (schwedisch, norwegisch: Allemannsretten) stammt aus einer Zeit, in der Reisende im Allgemeinen nicht zu ihrem Vergnügen unterwegs waren und sich niemand mit steigenden Touristenzahlen zu befassen hatte. Es erlaubte, über das Land anderer zu gehen, wenn keine alternativen Wege da waren. Wurde der Reisende von der Dunkelheit eingeholt oder von schlechtem Wetter überrascht, durfte er auf dem Grund und Boden anderer übernachten. Er durfte sich von der Natur ernähren, wilde Beeren und Pilze sammeln und für den Eigenbedarf nicht geschützte Blumen pflücken.

Obwohl sich die Zeiten geändert haben, wird das Allemansrätten in Schweden und Norwegen noch immer recht großzügig gehandhabt. Leider haben verantwortungslose Zeitgenossen die Regelung immer wieder mal in die SCHLAGZEILEN gebracht: Bäume mussten als Brennholz herhalten, Müll wurde in großen Mengen an den Rastplätzen zurückgelassen, Zelte wurden gleich neben Bootsstegen auf Privatgrund aufgeschlagen. – Offensichtlich als »Jedermanns *Recht*, in der Natur zu tun und zu lassen, wozu man gerade Lust hat« – so haben die Verursacher solcher Eskapaden das Allemansrätten für sich selbst ausgelegt. Darum lesen es viele Skandinavier gar nicht gerne, dass in deutschsprachigen Publikationen nach wie vor der Begriff »Jedermannsrecht« für Allemansrätten verwendet wird, denn er begünstigt einfach zu viele Missverständnisse in sich.

Rücksichtsloses Verhalten beruht – spart man an dieser Stelle einmal das Hinterlassen von Müll aus – meistens auf Unkenntnis oder Fehlinformation und weniger auf bösem Willen. Deshalb sollen im Folgenden die Rechte und die Pflichten des Allemansrätten vorgestellt werden, damit Sie vor Ort mithelfen können, den Fortbestand dieses Rechts zum Gemeingebrauch der Natur für möglichst lange Zeit zu sichern.

Wer sein Zelt in Norwegen und in Schweden in freiem Gelände aufschlägt, sollte den Mindestabstand von 150 m zum nächsten Haus wahren und am besten dort um Einverständnis bitten; in Finnland darf nur an bestimmten gekennzeichneten Rastplätzen gezeltet werden. Beeren und Pilze dürfen für den unmittelbaren Verzehr gepflückt werden, wobei im nördlichen Skandinavien regional begrenzte Einschränkungen Ausländern das Pflücken der Moltebeere untersagen.

ES IST UNTERSAGT

◎ Pflanzen, die unter Naturschutz stehen, zu pflücken oder auszugraben;
◎ Bäume und Büsche zu fällen, Äste oder Zweige abzubrechen, Borke oder Rinde abzuschälen. Das gilt auch für entwurzelte Bäume (Totholzbewohner);
◎ aus Nationalparks Mineralien mitzunehmen;
◎ ohne Einwilligung des Grundbesitzers länger als einen Tag auf dem Grundstück zu zelten. Gruppen müssen prinzipiell um Erlaubnis fragen;
◎ störenden Lärm zu verursachen;
◎ bestellte Äcker und Felder, eingezäuntes oder anderweitig abgegrenztes Terrain zu betreten. Eingefriedetes Weideland darf nur überquert werden, wenn das Vieh nicht gestört wird, Zäune nicht beschädigt und geschlossene Gatter nicht offen gelassen werden;
◎ Vogelnester, Baue und Nisthöhlen zu beschädigen, Vogeleier zu entnehmen und Jungtiere zu behelligen;
◎ ohne Erlaubnisschein und Kenntnis der lokal gültigen Regeln zu angeln;
◎ Tiere zu jagen, zu fangen, zu töten oder auch nur zu stören. Hunde sind vom 1.3. bis zum 20.8. anzuleinen und in der übrigen Zeit zu beaufsichtigen;
◎ auf Felsgestein Feuer zu machen, da es bei großer Hitze zerspringen oder sich verfärben kann;
◎ Abfall an Raststellen zu hinterlassen. Das Vergraben ist eine schlechte Lösung, da es Tiere gibt, die diesen Abfall wieder ausgraben und sich an scharfkantigen Konservenbüchsen oder Scherben verletzen können. Auch Abfalltüten, die neben der Mülltonne stehen, werden von Tieren auseinandergenommen. Wenn die Mülltonne voll ist, muss man den Abfall mitnehmen.
◎ Das Allemansrätten gilt nicht für Personen mit motorisierten Fahrzeugen! Fahren Sie nicht im Gelände herum (außer auf befestigten Wegen, sofern nicht verboten: *Ej motorfordon* oder *Biltrafik förbjuden)*, auf Privatstraßen *(Enskild väg)*, ohne Erlaubnis über Höfe oder Hausgrundstücke (könnte als Hausfriedensbruch ausgelegt werden); übernachten Sie in Wohnmobil oder Wohnwagen nicht in Sichtweite von Häusern/Ferienhäusern, fragen Sie den Grundbesitzer um Erlaubnis; und entleeren Sie Toilettentanks nur an den ausgewiesenen Stellen. (Zeltschläfer sollten ihre Exkremente vergraben.)

Begriffserklärungen

◎ **ABIOTISCH**: nicht lebend. Auf Umweltfaktoren bezogen u.a. Temperatur, Luftfeuchtigkeit, Luftzirkulation, Wasser, anorganische Bodenbestandteile.
◎ **ADVENTIVWURZELN**: können sprossbürtige oder blattbürtige Wurzeln sein (bürtig-geboren).
◎ **BRUTKNOSPE**: knollen- oder zwiebelartig; speichern Nährstoffe. Lösen sich von der Mutterpflanze, entwickeln sich zur Jungpflanze.
◎ **DISTAL**: der Abschnitt des Zweiges oder Blattes, der vom Anheftungspunkt am weitesten entfernt ist (Zweigspitze, Blattspitze).
◎ **EINHÄUSIGKEIT**: Beide Geschlechter sind auf einer Pflanze vorhanden.
◎ **ENDEMIT**: Pflanze mit einem eng begrenzten, lokalen Vorkommen.
◎ **FERTIL**: fruchtbar.
◎ **GRANNE**: borstenförmiger Fortsatz der Deckspelze (»Spelzen« s.u.).
◎ **GRUNDBLÄTTER**: dicht gedrängt an der Sprossbasis. Oft als Rosette ausgebildet.
◎ **HOCHBLÄTTER**: stehen zwischen Laub- und Blütenblättern. Meist kleiner als die Laubblätter.
◎ **HÜLLBLÄTTER**: bilden Blütenkörbchen oder Blütenköpfchen aus.
◎ **HYBRIDISIEREN**: Kreuzung verschiedener, nahe verwandter Arten.
◎ **JAHRESTRIEB**: Trieb, der sich in einer Vegetationsperiode entwickelt hat.
◎ **KALKHOLD**: Kalk liebend.
◎ **PERIGON**: Blüte besteht aus gleich gestalteten und gleich gefärbten Blütenhüllblättern.
◎ **REPRODUKTION**: vegetative, ungeschlechtliche Fortpflanzung.
◎ **RHIZOM**: Wurzelstock, unterirdischer verdickter Spross mit Blattschuppen. Dient zur Nährstoffspeicherung sowie der vegetativen Reproduktion.
◎ **SORI**: Sporangienhäufchen bei Farnen, blattunterseits.
◎ **SPELZEN**: trockene Hochblätter der Gräser. Hüll-, Deck- und Vorspelzen, die in Blüten stecken. Schutz der Einzelblüte.
◎ **SPORANGIOPHORSTAND**: Teil des Sporophylls (s.u.), meistens am distalen Sprossende.
◎ **SPORN**: kegelförmiger bis spitz auslaufender Fortsatz am Grunde eines Kelch- oder Kronblattes.
◎ **SPOROPHYLL**: Teil des Sporangiophorstandes, der in seinen Sporenkapseln Sporen enthält.
◎ **TOXISCH**: giftig.
◎ **TRAGBLATT**: Blatt aus dessen Achseln Seitentrieb oder Blüte hervorgeht.
◎ **ZWEIHÄUSIGKEIT**: Jede Pflanze besitzt ein Geschlecht. Bsp.: Grüne Weidenkätzchen – Pflanze weiblich; Gelbe Weidenkätzchen – Pflanze männlich.

Blattstellungen

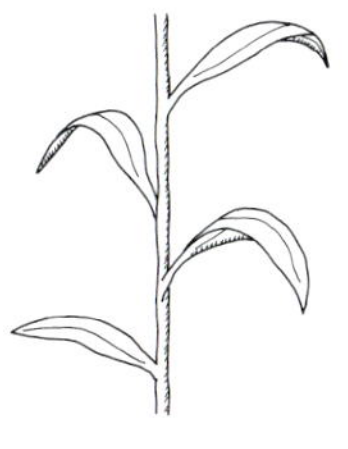

wechselständig

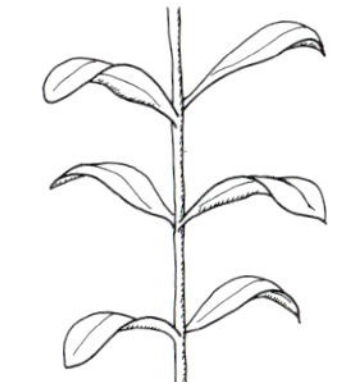

kreuzgegenständig

quirlig

Blattformen

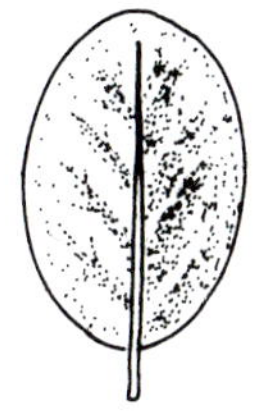

elliptisch

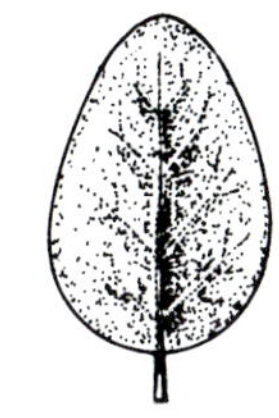

eiförmig

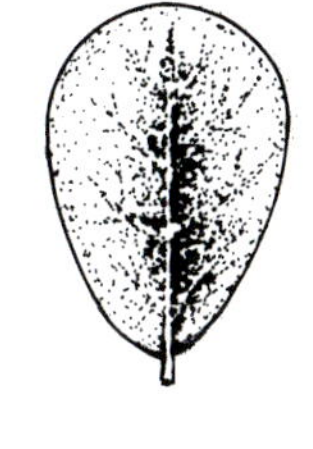

verkehrt eiförmig

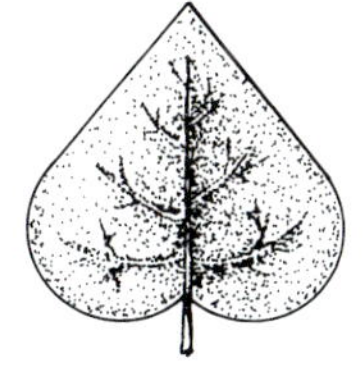

herzförmig

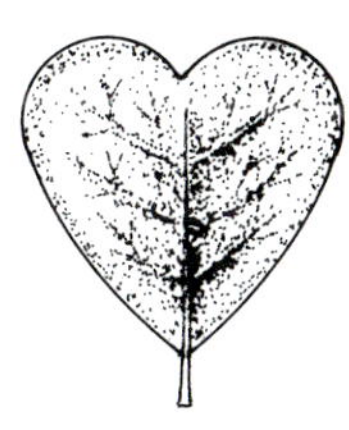

verkehrt herzförmig

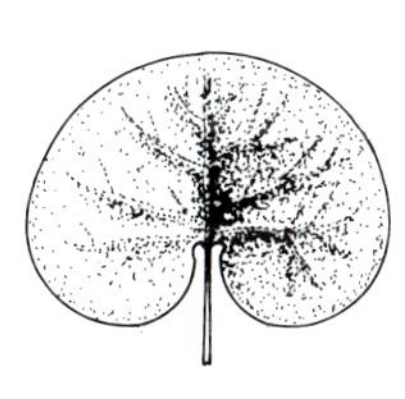

nierenförmig

spatelförmig

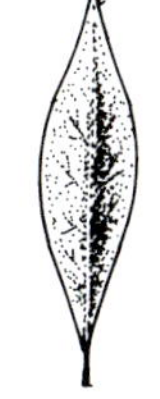

lanzettlich

länglich

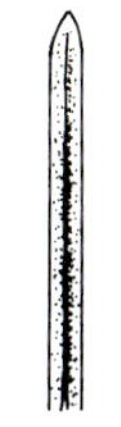

linealisch

Blattformen

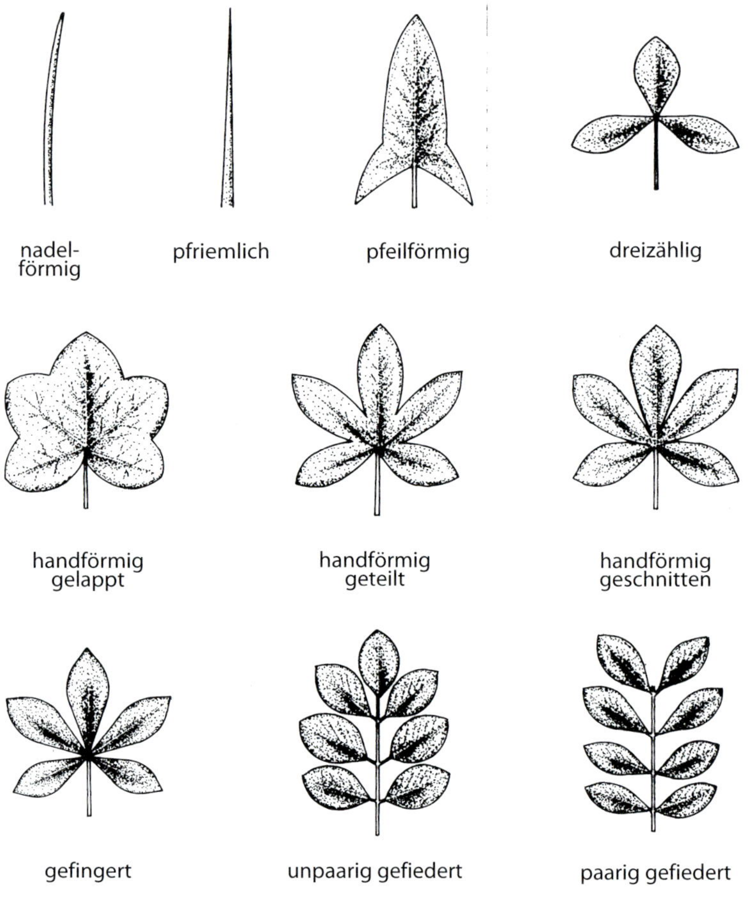

nadel-
förmig

pfriemlich

pfeilförmig

dreizählig

handförmig
gelappt

handförmig
geteilt

handförmig
geschnitten

gefingert

unpaarig gefiedert

paarig gefiedert

Blattquerschnitte

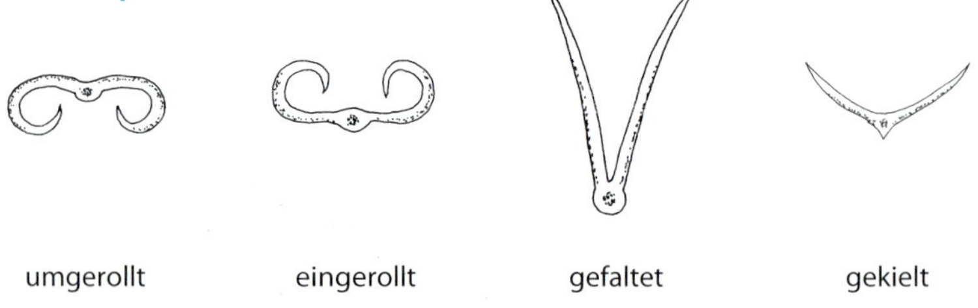

umgerollt

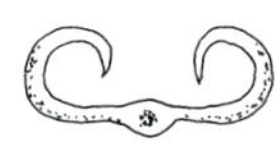

eingerollt

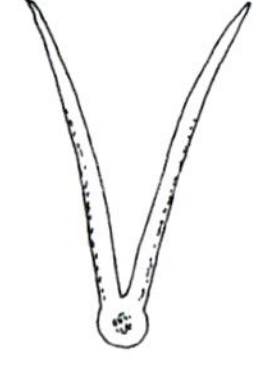

gefaltet

gekielt

Blattränder

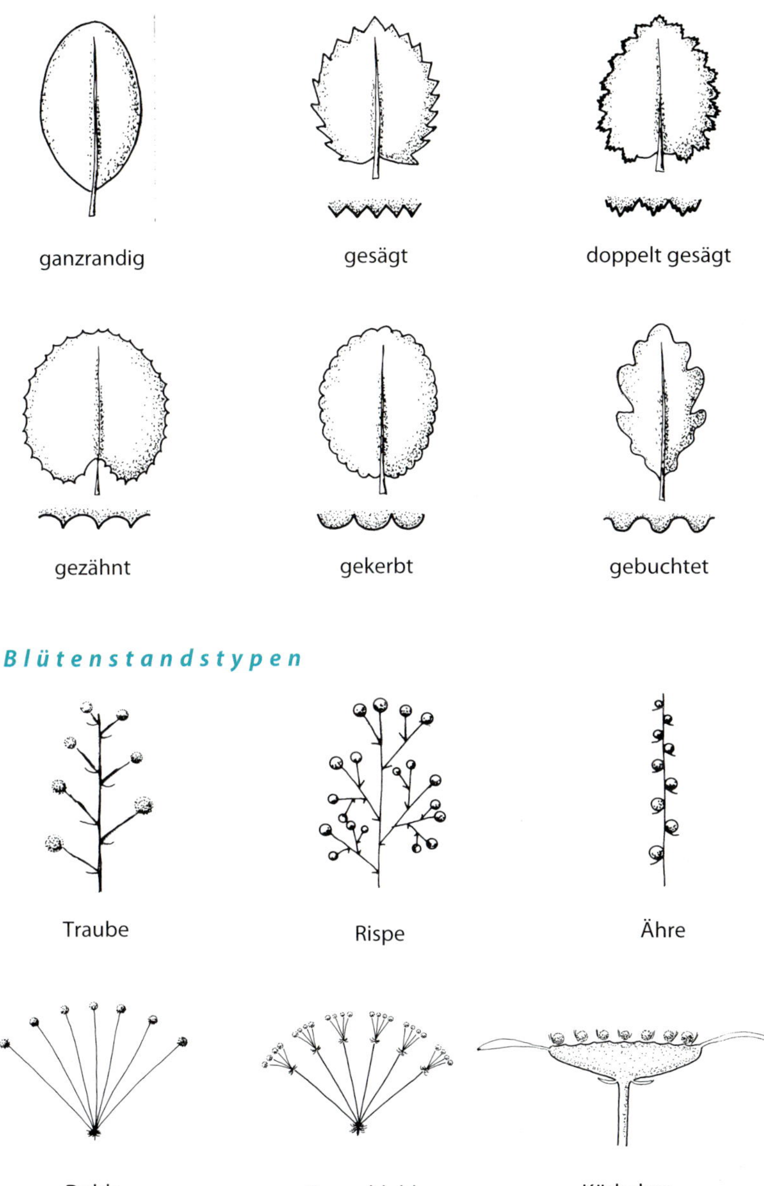

Tannen-Teufelsklaue

Huperzia selago (L.) SCHRANK et MART. subsp. arctica

Familie: Bärlappgewächse – Lycopodiaceae

E. Clubmoss N. Lusegras S. Groddlummer

◎ **BIOLOGIE**: Staude, 5–12 cm hoch. Sprosse gabelig verzweigt, alle Triebe etwa gleich lang. In Büscheln, dunkelgrün-gelbgrün. Blätter nadelförmig, in 8er Reihen am Spross angeordnet. Blattspitzen wenig nach oben gebogen. Auf halber Sprosshöhe in den Blattachseln gelbe Sporophyllstände.

◎ **BIOTOP**: von der subalpinen bis in die obere alpine Zone verbreitet. Auf Schneeböden, in Heiden, an Moorrändern, in Felsspalten.
◎ Bis in 1.800 m Höhe beobachtet.

◎ **VERBREITUNG**: Skandinavien, Island, Svalbard, nördliches Nordamerika, Mitteleuropa.

Sprossender Bärlapp

Lycopodium annotinum L.

Familie: Bärlappgewächse – Lycopodiaceae

E. Interrupted Clubmoss N. Stri kråkefot S. Nordlummer

◎ **BIOLOGIE**: Staude, 15–20 cm hoch. Kriechend bis 3 m lang. Blätter lanzettlich, ganzrandig, mit kurzer Spitze, haarlos, hellgrün-gelb. Sporophyllstände an den Sprossspitzen, bis 2 cm lang.

◎ **BIOTOP**: vom Tiefland bis in die untere alpine Zone verbreitet. Lichte Birkenwälder, in Schotter, Heiden. Kalk meidend.
◎ Bis in 950 m Höhe beobachtet.

◎ **VERBREITUNG**: Skandinavien, Island, nördliches Nordamerika, Mitteleuropa.

Alpen-Flachbärlapp

Diphasiastrum alpinum (L.) HOLUB

Familie: Bärlappgewächse – Lycopodiaceae

E. Alpine Clubmoss N. Fjelljamne S. Fjällummer

◎ **BIOLOGIE**: Staude, 5–8 cm hoch. Sprosse kriechend, bis 40 cm lang, mit Seitenverzweigungen, aufgerichtet. Blätter in 4 Reihen, dicht gedrängt am Spross. Triebe 4kantig, Blattspreite eilanzettlich, hell gelbgrün. Seitenblätter abwärts gebogen. Kalk meidend.

◎ **BIOTOP**: von der unteren alpinen bis in die mittlere alpine Zone verbreitet. In Heiden, Schneetälchen, an Schutthängen.
◎ Bis in 1.500 m Höhe beobachtet.

◎ **VERBREITUNG**: Skandinavien, Island, nördliches Nordamerika, Mitteleuropa.

Dorniger Moosfarn

Selaginella selaginoides (L.) MART. et SCHRANK

Familie: Moosfarngewächse – Selaginellaceae

E. Lesser Clubmoss N. Dvergjamne S. Dvärglummer

◎ **BIOLOGIE**: Staude, 3–12 cm hoch. Spross kriechend, Verzweigungen aufrecht. Blättchen lanzettlich, gezähnt, Spitzen wenig nach innen gebogen, gelbgrün. Sporophyllstände ährenförmig, einzeln an den Triebspitzen. Kalkhold.

◎ **BIOTOP**: von der unteren bis in die mittlere alpine Zone verbreitet. Feuchte bis quellige, kurzrasige Wiesen, auf Feinschuttflächen, an Abrutschhängen.
◎ Bis in 1.400 m Höhe beobachtet.

◎ **VERBREITUNG**: Skandinavien, Island, nördliches Nordamerika, Mitteleuropa.

Mond-Raute

Botrychum lunaria (L.) SW.

Familie: Natterzungengewächse – Ophioglossaceae

E. Moonwort N. Fjellmarinøkkel S. Låsbräken

◎ **BIOLOGIE**: Staude, 5–20 cm hoch. Pflanze mit sterilem und fertilem Teil. Sprosse aufrecht, mit paarigen, halbmondförmigen, grünen Fiedern. Fertiler Abschnitt ähnelt einer Rispe, trägt kugelförmige, gelbbraune Sporangiophore.

◎ **BIOTOP**: von der subalpinen bis in die mittlere alpine Zone verbreitet. Auf kurzrasigen Flächen, auf Hangwiesen, an Wegrändern.
◎ Bis in 1.500 m Höhe beobachtet.

◎ **VERBREITUNG**: Skandinavien, Island, Svalbard, Grönland, Mitteleuropa.

Wald-Schachtelhalm

Equisetum sylvaticum L.

Familie: Schachtelhalmgewächse – Equisetaceae

E. Wood Horsetail N. Skogsnelle S. Skogsfräken

◎ **BIOLOGIE**: Staude, 15–30 cm hoch (Frühjahrsform). Sprosse aufrecht, mit verzweigten Seitenästen. Sprossspitzen mit schlankkeuligem Sporangiophorstand, braun, später ergrünend. Sommerform 20–40 cm hoch. Erscheint mit der Frühjahrsform. Sprosse mit 10–18 Längsrippen. Stängelscheiden mit 3–6 häutigen Lappen, verwachsen, bräunlich. Seitenäste quirlig angeordnet, Pflanze grün. Kalk meidend.

◎ **BIOTOP**: vom Tiefland bis in die untere alpine Zone verbreitet. Feuchte Birkenwälder, zwischen Gebüsch, an Wald- und Wiesenrändern.
◎ Bis in 1.100 m Höhe beobachtet.

◎ **VERBREITUNG**: Skandinavien, Island, nördliches Nordamerika, Mitteleuropa.

Wiesen-Schachtelhalm

Equisetum pratense EHRH.

Familie: Schachtelhalmgewächse – Equisetaceae

E. Shady Horsetail N. Engsnelle S. Ängsfräken

◎ **BIOLOGIE**: Staude, 15–30 cm hoch (Frühjahrsform). Sprosse mit kurzen Seitenzweigen. Sprossspitzen mit schlankkeuligem Sporangiophorstand, hellbraun, später ergrünend. Sterile Sprosse (Sommerform) 15–50 cm hoch, erscheinen zur selben Zeit wie die Frühjahrsform. Stängelscheiden mit 10–20 Zähnchen, gelblich. Seitenäste quirlig, grün, nicht verzweigt.

◎ **BIOTOP**: vom Tiefland bis in die untere alpine Zone verbreitet. Feuchte Birkenwälder, zwischen Gebüsch, auf feuchten Wiesen, in Hochstaudenfluren.
◎ Bis in 1.000 m Höhe beobachtet.

◎ **VERBREITUNG**: Skandinavien, Island, nördliches Nordamerika, Mitteleuropa.

Acker-Schachtelhalm

Equisetum arvense L.

Familie: Schachtelhalmgewächse – Equisetaceae

E. Common Horsetail N. Åkersnelle S. Åkerfräken

◎ **BIOLOGIE**: Staude, 10–25 cm hoch (Frühjahrsform). Sprosse aufrecht, kahl. Sprossspitzen mit schlankkeuligem Sporangiophorstand, hellbraun. Sprosse später absterbend. Sommerform 10–40 cm hoch. Sprosse erscheinen nach der Frühjahrsform. Sprosse aufrecht, gelegentlich kriechend, mit Längsrippen. Stängelscheiden mit 10–12, auch bis zu 18 Zähnchen, weißrandig. Seitenzweige unverzweigt, grün.

◎ **BIOTOP**: vom Tiefland bis in die untere alpine Zone verbreitet. In Birkenwäldern, auf feuchten Wiesen, gelegentlich auf Schneeböden.
◎ Bis in 1.200 m Höhe beobachtet.

◎ **VERBREITUNG**: Skandinavien, Island, Svalbard, Grönland, nördliches Nordamerika, Russland, Mitteleuropa.

Teich-Schachtelhalm

Equisetum fluviatile L.

Familie: Schachtelhalmgewächse – Equisetaceae

E. Water Horsetail N. Elvesnelle S. Sjöfräken

◎ **BIOLOGIE**: Staude, 45–155 cm hoch. Sprosse aufrecht, ungefurcht, mit weißlichen Längsstreifen. Stängelscheiden mit 15–30 dunklen Zähnchen, anliegend. Sprossspitzen im Frühjahr mit dunklem Sporangiophorstand, später abfallend.

◎ **BIOTOP**: von der subalpinen bis in die untere alpine Zone verbreitet. In nassen Uferbereichen, Teichen, in sehr feuchten Hochstaudenfluren.
◎ Bis in 950 m Höhe beobachtet.

◎ **VERBREITUNG**: Skandinavien, Island, nördliches Nordamerika, Mitteleuropa.

Sumpf-Schachtelhalm

Equisetum palustre L.

Familie: Schachtelhalmgewächse – Equisetaceae

E. Marsh Horsetail N. Myrsnelle S. Kärrfräken

◎ **BIOLOGIE**: Staude, 10–40 cm hoch. Sprosse aufrecht, Durchmesser 1–3 mm, bis zu 12 Längsrippen. Stängelscheiden mit 4–12 Zähnchen, anliegend. Sprossspitzen im Frühjahr mit schwarzem Sporangiophorstand, später abfallend. Seitenäste quirlig, unverzweigt, grün-bläulichgrün.

◎ **BIOTOP**: vom Tiefland bis in die untere alpine Zone verbreitet. An Moorrändern, auf Feuchtwiesen, in Hochstaudenfluren.

◎ Bis in 1.200 m Höhe beobachtet.

◎ **VERBREITUNG**: Skandinavien, Island, nördliches Nordamerika, Mitteleuropa.

Winter-Schachtelhalm

Equisetum hyemale L.

Familie: Schachtelhalmgewächse – Equisetaceae

E. Rough Horsetail N. Skavgras S. Skavfräken

◎ **BIOLOGIE**: Staude, 30–150 cm hoch. Sprosse aufrecht, Durchmesser bis 6 mm, mit zweikantigen Längsrippen. Scheidenzähne kurzlebig, danach mit schmaler, schwarzer Querbinde. Seitenäste nur am Boden. Sprossspitzen mit grün-bräunlichem Sporangiophorstand, später abfallend. Pflanze immergrün.

◎ **BIOTOP**: von der subalpinen bis in die mittlere alpine Zone verbreitet. Sickerfeuchte Gebüsche, Quellmoore, in Hochstaudenfluren.
◎ Bis in 1.200 m Höhe beobachtet.

◎ **VERBREITUNG**: Skandinavien, Island, Mitteleuropa.

Faden-Schachtelhalm

Equisetum scirpoides MICHX.

Familie: Schachtelhalmgewächse – Equisetaceae

E. Sedge Horsetail N. Dvergsnelle S. Trådfräken

◎ **BIOLOGIE**: Staude, 5–20 cm hoch. Sprosse aufrecht bis liegend, 1–2 mm Durchmesser, gelegentlich Rasen bildend. Stängel unverzweigt, geschlängelt. Stängelscheiden mit 3–6 Zähnchen. Sprossspitzen mit grünem Sporangiophorstand. Pflanze grün-bläulichgrün. Kalkhold.

◎ **BIOTOP**: von der subalpinen bis in die mittlere alpine Zone verbreitet. Moorränder, Bachufer, anmoorige Wasserstellen an Hangabsätzen, auf Schneeböden.
◎ Bis in 1.200 m Höhe beobachtet.

◎ **VERBREITUNG**: Skandinavien, Island, Svalbard, Grönland, Nordamerika, Nordrussland.

Grünstieliger Streifenfarn

Asplenium viride HUDS.

Familie: Streifenfarngewächse – Aspleniaceae

E. Green Spleenwort N. Grønburkne S. Grönbräken

◎ **BIOLOGIE**: Staude, 5–15 cm hoch. Wedel in Büscheln, Basis braun, sonst grün, mit flacher Längsrinne. Wedel länglich, unpaarig gefiedert, Fiedern gegenständig, mit breiter und runder Spreite. Spreitenrand gebuchtet, hellgrüngrün. Sori an der Wedelunterseite, in Nähe der Wedeladern. Kalkhold.

◎ **BIOTOP**: von der subalpinen bis in die mittlere alpine Zone verbreitet. An feuchten, schattigen Plätzen, in Felsspalten.
◎ Bis in 1.300 m Höhe beobachtet.

◎ **VERBREITUNG**: Skandinavien, Island, Grönland, nördliches Nordamerika, Mitteleuropa.

Gebirgs-Frauenfarn

Athyrium distentifolium OPIZ

Familie: Wimpernfarngewächse – Woodsiaceae

E. Mountain Lady-fern N. Fjellburkne S. Fjällbräken

◎ **BIOLOGIE**: Staude, 30–50 cm hoch. Wedel aufrecht, in Büscheln, unpaarig gefiedert. Stängel mit flacher Längsrinne. Fiedern gegenständig, gebuchtet, spitzrandig, hellgrün-grün. Mittige Fiedern 2,5 mal so lang wie breit. Sori in Nähe der Mittelrippe an der Unterseite, rund. Kalk meidend.

◎ **BIOTOP**: von der subalpinen bis in die mittlere alpine Zone verbreitet. An feuchten Birkenwaldrändern, in Hochstaudenfluren, zwischen Geröllschutt.
◎ Bis in 1.000 m Höhe beobachtet.

◎ **VERBREITUNG**: Skandinavien, Island, nördliches Nordamerika, Westrussland, Mitteleuropa.

Berg-Blasenfarn

Cystopteris montana (LAM.) DESV.

Familie: Wimpernfarngewächse – Woodsiaceae

E. Mountain Bladder-fern N. Fjell-lok S. Finbräken

◎ **BIOLOGIE**: Staude, 10–40 cm hoch. Rhizom unterirdisch, horizontal. Wedel mit langer Blattspindel, unpaarig gefiedert, feinhaarig, beschuppt. Unterste Fiedern am längsten. Fiedern gebuchtet, Spitze gekerbt. Wedel hellgrün, Oberseite silbrig-drüsighaarig. Blattadern grün. Sori an der Unterseite der Wedel, dichter zum Spreitenrand. Kalkhold.

◎ **BIOTOP**: von der subalpinen bis in die untere alpine Zone verbreitet. Feuchte Birkenwälder, an Wiesenrändern, in Felsschutt, in Felsspalten.
◎ Bis in 850 m Höhe beobachtet.

◎ **VERBREITUNG**: Skandinavien, Island, nördliches Nordamerika, Nordrussland, Mitteleuropa.

Rostroter Wimpernfarn

Woodsia ilvensis (L.) R. BRAUN

Familie: Wimpernfarngewächse – Woodsiaceae

E. Alpine Woodsia N. Lodnebregne S. Hällebräken

◎ **BIOLOGIE**: Staude, 10–20 cm hoch. Rhizom schuppenreich, braun. Wedel in Büscheln, Stängel braun behaart und beschuppt, Wedel unpaarig gefiedert. Fiedern breitlanzettlich, gegenständig, gebuchtet. Spreitenrand braun behaart. Mittige Fiedern doppelt so lang wie breit, grün. Sori in runder Anhäufung an der Wedelunterseite. Kalk meidend.

◎ **BIOTOP**: von der subalpinen bis in die mittlere alpine Zone verbreitet. Auf feuchten Geröllfeldern, in Felsnischen und Schluchten.
◎ Bis in 1.100 m Höhe beobachtet.

◎ **VERBREITUNG**: Skandinavien, Island, nördliches Nordamerika, Mitteleuropa.

Eichenfarn

Gymnocarpium dryopteris (L.) NEWMAN

Familie: Wimpernfarngewächse – Woodsiaceae

E. Oak-fern N. Fugletelg S. Ekbräken

◎ **BIOLOGIE**: Staude, 10–20 cm hoch. Rhizom unterirdisch, in horizontaler Lage. Wedel mit langer Blattspindel, unpaarig gefiedert. Stängel mit schmaler Längsrinne, dunkelgrün. Unterste Fiedern am längsten. Fiederchen gebuchtet, Rand gekerbt, Spitze stumpf, hellgrün. Sori an der Unterseite der Wedel, dicht am Spreitenrand. Kalk meidend.

◎ **BIOTOP**: von der subalpinen bis in die untere alpine Zone verbreitet. Feuchte Birkenwälder, in Hochstaudenfluren, Gebüsch, an schattigen Felswänden.
◎ Bis in 900 m Höhe beobachtet.

◎ **VERBREITUNG**: Skandinavien, Island, nördliches Nordamerika, Mitteleuropa.

Rippenfarn

Blechnum spicant (L.) ROTH

Familie: Rippenfarngewächse – Blechnaceae

E. Hard-fern N. Bjønnkam S. Kambräken

◎ **BIOLOGIE**: Staude, 15–40 cm hoch. Rhizom kräftig. Wedel bogig-niederliegend, steril, grün glänzend. Wedelstiel rotbraun, kammförmig, fiederschnittig. Fertile Wedel aufrecht, Fiedern lang und schmal. Fiedern unterseits mit lang gestreckten Sori. Wintergrün. Kalk meidend.

◎ **BIOTOP**: von der subalpinen bis in die untere alpine Zone verbreitet. Feuchte, schattige Birkenwälder, in Hochstaudenfluren.
◎ Bis in 900 m Höhe beobachtet.

◎ **VERBREITUNG**: Skandinavien, Island, Nordamerika, Mitteleuropa.

Gewöhnlicher Wurmfarn

Dryopteris filix-mas (L.) SCHOTT

Familie: Wurmfarngewächse – Dryopteridaceae

E. Male-fern N. Ormetelg S. Träjon

◎ **BIOLOGIE**: Staude, 20–90 cm hoch. Rhizom kräftig, ein-mehrköpfig. Wedel gebogen, mit Fiedern und Fiederchen. Sori unterseits, 4–10 je Fiederchen, etwa 1,5 mm im Durchmesser, braun, mit farblosem Saum.

◎ **BIOTOP**: von der subalpinen bis in die untere alpine Zone verbreitet. In Hochstaudenfluren, feuchten, schattigen Birkenwäldern.
◎ Bis in 1.100 m Höhe beobachtet.

◎ **VERBREITUNG**: Skandinavien, Island, nördliches Nordamerika, Mitteleuropa.

Lanzen-Schildfarn

Polystichum lonchitis (L.) ROTH

Familie: Wurmfarngewächse – Dryopteridaceae

E. Holly-fern N. Taggbregne S. Taggbräken

◎ **BIOLOGIE**: Staude, 10–40 cm hoch. Rhizom gedrungen. Wedel in horizontaler Lage. Wedel einfach gefiedert, Fiedern sichelförmig, dornig, ledrig. Wintergrün. Kalkhold.

◎ **BIOTOP**: von der subalpinen bis in die untere alpine Zone verbreitet. An Steinhängen, in Felsspalten, auf Schneeböden, an Bachrändern, in Steinschutt.
◎ Bis in 950 m Höhe beobachtet.

◎ **VERBREITUNG**: Skandinavien, Island, Mitteleuropa.

Gewöhnlicher Tüpfelfarn

Polypodium vulgare L.

Familie: Tüpfelfarngewächse – Polypodiaceae

E. Polypody N. Sisselrot S. Stensöta

◎ **BIOLOGIE**: Staude, 10–40 cm hoch. Rhizom oberirdisch kriechend. Wedelstiele in größeren Abständen zueinander, lang. Fiedern lanzettlich-langoval und abgerundet. Spreitenrand gezähnt-gekerbt. Basis verwachsen und durchscheinend. Spreitenrand fein gesägt. Sori rund, in Mittelrippennähe. Kalk meidend.

◎ **BIOTOP**: von der subalpinen bis in die untere alpine Zone verbreitet. Halbschattige Birkenwälder, in Hochstaudenfluren, in Felsspalten, an schattigen Bachläufen.
◎ Bis in 950 m Höhe beobachtet.

◎ **VERBREITUNG**: Skandinavien, Island, nördliches Nordamerika, nördliches Asien, Mitteleuropa.

Gewöhnlicher Wacholder

Juniperus communis L.

Familie: Zypressengewächse – Cupressaceae

E. Common Juniper N. Fjelleiner S. Vanlig en

◎ **BIOLOGIE**: Strauch, 150–200 cm hoch, selten als Baum. Nadeln zu dritt, als Quirl, vom Zweig abstehend. Nadeln kahnförmig gebogen, spitz auslaufend. Nadellänge 4–10 mm, grün-hellgrün. Beerenzapfen grün, im 3. Jahr bläulich, mit Reifüberzug. Immergrüne Pflanze. Im Fjäll mehrere Subspezies. Kalk meidend.

◎ **BIOTOP**: vom Tiefland bis in die mittlere alpine Zone verbreitet. Moore, Magerrasen, Gebüsche.
◎ Bis in 1.100 m Höhe beobachtet.

◎ **VERBREITUNG**: Skandinavien, Island, Grönland, nördliches Nordamerika, nördliches Asien, Mitteleuropa.

Zwerg-Simsenlilie

Tofieldia pusilla (MICHX.) PERS.

Familie: Simsenliliengewächse – Tofieldiaceae

E. Scottish Asphodel N. Bjønnbrodd S. Björnbrodd

◎ **BIOLOGIE**: Staude, 5–12 cm hoch. Rhizom mit kurzem, meist aufrechtem Stängel. Blätter im oberen Abschnitt des Stängels, lanzettlich, kantig gestellt, hellgrün. Blattnerven 3, gelegentlich 5–7. Blütenstängel aufrecht, ohne Blätter. Blüten bis zu 6 in einer endständigen Traube. Blüten sehr klein, weiß-grünlich, unscheinbar. Perigon cremefarbig, mit 6 verkehrt eiförmigen Blättern. Staubblätter rot, Fruchtblätter grün (Lupe). Angenehm duftend.
◎ Blüte: Juli bis September.

◎ **BIOTOP**: von der subalpinen bis in die mittlere alpine Zone verbreitet. Auf feuchten bis sumpfigen Böden, in Feinschutt, an Seeufern.
◎ Bis in 1.200 m Höhe beobachtet.

◎ **VERBREITUNG**: Skandinavien, Island, Shetland-Inseln, Svalbard, nördliches Nordamerika, Mitteleuropa.

Einbeere

Paris quadrifolia L.

Familie: Germergewächse – Melanthiaceae

E. Herb Paris N. Firblad S. Ormbär

◎ **BIOLOGIE**: Staude, 10–30 cm hoch. Rhizom unterirdisch kriechend . Stängel aufrecht, trägt oben 4 horizontal stehende Blätter. Blattspreite eiförmig, netzadrig. 1 gestielte Blüte über den Blättern. Kelchblätter 4 äußere, linealisch-lanzettlich, hellgrün. Hüllblätter 4 innere, linealisch-fadenförmig, aufrecht, hellgrün. Fruchtknoten 4-narbig, blauschwarz. Staubblätter 8, lang gestielt, gelb. Im August 1 blauschwarze Beere. Toxisch!
◎ Blüte: April bis Juni.

◎ **BIOTOP**: vom Tiefland bis in die untere alpine Zone verbreitet. Von feuchten Bachwiesen bis in nasse Hochstaudenfluren.
◎ Bis in 900 m Höhe beobachtet.

◎ **VERBREITUNG**: Skandinavien, Island, nördliches Asien, Mitteleuropa.

Großes Zweiblatt

Listera ovata (L.) R. BR.

Familie: Knabenkrautgewächse – Orchidaceae

E. Common Twayblade N. Stortveblad S. Tvåblad

◎ **BIOLOGIE**: Staude, 15–40 cm hoch. Stängel aufrecht, in Blattnähe kantig, sonst rund, grün-bräunlich, behaart. 2, selten 3 bodenständige Blätter. Blattspreite elliptisch, 3–6 cm lang, bis 5 cm breit, zugespitzt. Auffällige Längsnerven, grün. Blütentraube an aufrechtem Stängel. Blüten ohne Sporn, mit 1 cm langer Lippe, zur Hälfte gespalten. Blüte grün-gelbgrün, Lippe gelblich. Basenhold. Streng geschützt!
◎ Blüte: Juni bis August.

◎ **BIOTOP**: vom Tiefland bis an die mittlere alpine Zone verbreitet. Bevorzugt kalkhaltige Böden. Auf feuchten Wiesen, an Bachrändern, unter Gestrüpp. Meist in geringer Anzahl vorkommend.
◎ Bis in 800 m Höhe beobachtet.

◎ **VERBREITUNG**: Skandinavien, Island, Mitteleuropa.

Korallenwurz

Corallorhiza trifida CHÂTEL.

Familie: Knabenkrautgewächse – Orchidaceae

E. Yellow Coralroot N. Korallrot S. Korallrot

◎ **BIOLOGIE**: Staude, 10–25 cm hoch. Rhizom korallenförmig (Name). Pflanze ohne Blätter. Stängel aufrecht, mit wenigen Schuppenblättchen, Stängel umfassend, gelb-gelbgrün. Viele Blüten in einer Ähre. Blüten in den Achseln der sehr kleinen Tragblätter. Kelchblätter grünlich-braun gefleckt oder rötlich überlaufen. Seitliche Blütenblätter abstehend, linealisch-lanzettlich, über Lippenlänge. Lippe zungenförmig, 2–4 mm lang, weiß, mit roten oder braunen Flecken. Kalk meidend. Streng geschützt!
◎ Blüte: Juni bis Juli.

◎ **BIOTOP**: von der subalpinen bis in die untere alpine Zone verbreitet. Auf Magerböden, in Dünensenken, auf kiesigen Grasflächen.
◎ Bis in 1.100 m Höhe beobachtet.

◎ **VERBREITUNG**: Skandinavien, Island, nördliches Asien, Mitteleuropa.

Zwergorchis

Chamorchis alpina (L.) RICH.

Familie: Knabenkrautgewächse – Orchidaceae

E. Dwarf Orchid N. Fjellkurle S. Dvärgyxne

◎ **BIOLOGIE**: Staude, 5–12 cm hoch. Stängel aufrecht, kantig, grün, Basisnähe gelbgrün. Blätter schmallanzettlich, 1–2 mm breit. Blattspreite dickfleischig, rinnig gefaltet, hellgrün. In Bodennähe entspringend. Spitzen erreichen obere Blüten. Blüten in lockeren Ähren. Einzelblüten in den Blattachseln der Tragblätter. Breite der Blüte bis zu 10 mm. Lippe gesenkt, Spitze ungeteilt oder schwach 3lappig. Obere Blütenblätter helmförmig gebogen, stets ohne Sporn. Blütenfarbe von gelbgrün, rotfleckig bis violett überlaufen. Kalkhold. Streng geschützt!
◎ Blüte: Juli.

◎ **BIOTOP**: von der subalpinen bis in die mittlere alpine Zone verbreitet. Auf Magerrasen, in Silberwurzheiden, an windexponierten Plätzen.
◎ Bis in 1.400 m Höhe beobachtet.

◎ **VERBREITUNG**: Skandinavien, Mitteleuropa.

Weiße Waldhyazinthe

Platanthera bifolia (L.) RICH.

Familie: Knabenkrautgewächse – Orchidaceae

E. Lesser Butterfly Orchid N. Vanlig nattfiol S. Nattfiol

◎ **BIOLOGIE**: Staude, 15–30 cm hoch. Stängel aufrecht, rundlich, grün. Blätter 2, selten 3 oder mehrere, grundständig. Blattspreite lang eiförmig-lanzettlich, Basis verschmälert, grün. Oberer Stängelabschnitt mit Stängel umfassenden Blättern. Viele Blüten in lockerer, schlanker Ähre. Einzelblüten in den Blattachseln der Tragblätter. Einzelblüten 15–20 mm breit, weiß-grünlichweiß. Lippe 10–15 mm lang, Spitze stumpf, abwärts geneigt, grünlich. Sporn sehr lang, dünn, zugespitzt, grünlich. Duftet Maiglöckchen ähnlich. Streng geschützt!
◎ Blüte: Juni bis August.

◎ **BIOTOP**: vom Tiefland bis an die untere alpine Zone verbreitet. Unter Gebüsch, in Bergheiden, Flachmooren, auf nassen Bergwiesen. Kleine Bestände bildend.
◎ Bis in 900 m Höhe beobachtet.

◎ **VERBREITUNG**: Skandinavien, Westrussland, nördliches Asien, Mitteleuropa.

Weißzunge

Pseudorchis albida (L.) Á. LÖVE et D. LÖVE

Familie: Knabenkrautgewächse – Orchidaceae

E. Small White Orchid N. Kvitkurle S. Vityxne

◎ **BIOLOGIE**: Staude, 10–20 cm hoch. Stängel aufrecht, rund, hellgrün. Blätter breitlanzettlich, 3–7 cm lang, 1–1,5 cm breit, Stängel umfassend, grün. Blüte in lockerer Ähre. Einzelblüten in den Achseln der Tragblätter. Blütenbreite bis zu 5 mm. Lippe breit, 3lappig. Sporn 3 mm lang, Spitze verdickt. Blütenfarbe von weißlich, elfenbein bis hell schwefelgelb. Blüten nickend. Kalk meidend. Streng geschützt!
◎ Blüte: Juni bis August.

◎ **BIOTOP**: von der subalpinen bis die obere alpine Zone verbreitet. Auf mageren Grasmatten, in Heiden.
◎ Bis in 1.400 m Höhe beobachtet.

◎ **VERBREITUNG**: Skandinavien, Island, Grönland, nördliches Nordamerika, Mitteleuropa.

Gefleckte Fingerwurz

Dactylorhiza maculata (L.) SOÓ

Familie: Knabenkrautgewächse – Orchidaceae

E. Heath Spotted Orchid N. Flekkmarihand S. Jungfru Marie nycklar

◎ **BIOLOGIE**: Staude, 20–40 cm hoch. Stängel aufrecht, rund, in Nähe der Blüten schwach kantig, hellgrün. Blätter Stängel umfassend, 5–8 cm lang, 2–3 cm breitlanzettlich. Oberseite grün, mit braunen Flecken, Unterseite silbrig, grüngrau. Viele Blüten in einer Ähre. Einzelblüten in den Achseln grünvioletter Tragblätter. Lippe 6–10 mm lang, rund bis 3lappig, mit seitlichen Zähnchen. Auf weißem Grund, deutlich symmetrische, rosafarbige Zeichnung. Mittellappen spitz dreieckig, bis zu 20 mm breit. Blütenfärbung blassrosa-rotviolett. Kalk meidend. Streng geschützt!
◎ Blüte: Juni bis Juli.

◎ **BIOTOP**: vom Tiefland bis in die untere alpine Zone verbreitet. In feuchten, lichten Wäldern, auf feuchten Wiesen, in Bachnähe, in Hochstaudenfluren.
◎ Bis in 900 m Höhe beobachtet.

◎ **VERBREITUNG**: Skandinavien, Island, Shetland-Inseln, nördliches Asien, Mitteleuropa.

Streifblättrige Fingerwurz

Dactylorhiza incarnata (L.) SOÓ

Familie: Knabenkrautgewächse – Orchidaceae

E. Early Marsh Orchid N. Engmarihand S. Ängsnycklar

◎ **BIOLOGIE**: Staude, 20–50 cm hoch. Stängel aufrecht, kantig grün-violett. Blätter aufrecht, steif (Name). Blattspreite lanzettlich, im unteren Drittel am breitesten, mit Kapuzenspitze, Stängel umfassend, hellgrün, keine Fleckung. Viele Blüten in einer Ähre. Blüten in den Achseln der Tragblätter. Einzelblüten mit 6–8 mm langer Lippe, mit hufeisenförmiger Zeichnung. Wenig gelappt, seitlich mit Zähnchen. Blüte bis 22 mm breit, hellviolett-gelb, selten weiß oder purpur. Basenhold. Streng geschützt!
◎ Blüte: Juni bis Juli.

◎ **BIOTOP**: vom Tiefland bis in die untere alpine Zone verbreitet. In feuchten, lichten Wäldern, auf nassen Wiesen. Vorkommen zerstreut.
◎ Bis in 900 m Höhe beobachtet.

◎ **VERBREITUNG**: Skandinavien, Mitteleuropa.

Lappländische Fingerwurz

Dactylorhiza lapponica (HARTM.) SOÓ

Familie: Knabenkrautgewächse – Orchidaceae

E. Lapland Marsh Orchid N. Lappmarihand S. Lappnycklar

◎ **BIOLOGIE**: Staude, 10–25 cm hoch. Stängel aufrecht, rund, in Blütennähe kantig, grün-violett. Blätter lanzettlich, steif, aufrecht, Stängel umfassend. Blattspreite 3–7 cm lang, bis zu 2 cm breit, im unteren Drittel am breitesten. Grün, Oberseite mit braunen Flecken. Viele Blüten in einer Ähre. Einzelblüten in den Achseln der Tragblätter. Lippe 4–8 mm lang, herzförmig. Mittellappen dreieckig-spitz. Lippe mit symmetrischem, violettem Schleifenmuster. Sporn fast horizontal angeordnet. Blüten dunkelpurpur-violett überlaufen. Kalkhold. Streng geschützt!
◎ Blüte: Juni bis Juli.

◎ **BIOTOP**: von der subalpinen bis in die untere alpine Zone verbreitet. In Flachmooren, auf quelligen Wiesen, in Bachschotter.
◎ Bis in 950 m Höhe beobachtet.

◎ **VERBREITUNG**: Skandinavien, nördliches Asien, Mitteleuropa.

Grüne Hohlzunge

Coeloglossum viride (L.) HARTM.

Familie: Knabenkrautgewächse – Orchidaceae

E. Frog Orchid N. Grønnkurle S. Grönyxne

◎ **BIOLOGIE**: Staude, 8–25 cm hoch. Stängel aufrecht, stumpfkantig, grün. Blattspreite lang eiförmig bis breitlanzettlich, am Stängel herablaufend. Im oberen Abschnitt Stängel umfassend, blaugrün. Blüten in einer Ähre, in den Achseln der Tragblätter. Blüte bis zu 15 mm breit. Lippe bis zu 10 mm lang, vorn breit, 3teilig gelappt. Sporn kurz und dick. Blütenteile grün-gelbgrün. Basenhold. Streng geschützt!

◎ Blüte: Juni bis Juli.

◎ **BIOTOP**: vom Tiefland bis an die mittlere alpine Zone verbreitet. In Zwergstrauch-Heiden, auf Magerrasen. Vereinzelt.

◎ Bis in 1.200 m Höhe beobachtet. Mit lokalen Unterarten.

◎ **VERBREITUNG**: Skandinavien, nördliches Asien, Mitteleuropa.

Große Händelwurz

Gymnadenia conopsea (L.) R. BR.

Familie: Knabenkrautgewächse – Orchidaceae

E. Fragrant Orchid N. Brudespore S. Brudsporre

◎ **BIOLOGIE**: Staude, 10–30 cm hoch. Stängel aufrecht, rund, gelbgrün, gelegentlich rotbraun überlaufen. Blätter lanzettlich, 5–15 cm lang, bis 2,5 cm breit, Stängel umfassend, grün. Blattspreite rinnig gefaltet. Blüten in schlanker Ähre. Einzelblüten in den Achseln gleichlanger Tragblätter, bis 15 mm breit. Lippe lang wie breit oder breiter, 3lappig. Sporn länger als 10 mm, spitz, gebogen. Blüten violett-rosa, selten weiß. Angenehm duftend. Kalkhold. Streng geschützt!
◎ Blüte: Juli bis August.

◎ **BIOTOP**: vom Tiefland bis in die mittlere alpine Zone verbreitet. Auf Trockenrasen, feuchten Wiesen, in Flachmooren.
◎ Bis in 1.200 m Höhe beobachtet.

◎ **VERBREITUNG**: Skandinavien, nördliches Asien, Mitteleuropa.

Zweiblättrige Schattenblume

Maianthemum bifolium (L.) F. W. SCHMIDT

Familie: Mäusedorngewächse - Ruscaceae

E. May Lily N. Maiblom S. Ekorrbär

◎ **BIOLOGIE**: Staude, 10–20 cm hoch. Rhizom unterirdisch, bildet kriechende Ausläufer. Stängel aufrecht, wenig verzweigt, geringe Behaarung im oberen Abschnitt. Blätter 2, Spreite herzförmig, hellgrün, glänzend, parallelnervig, gewellt. Blüten in endständiger Ähre, viele sternförmige Blüten. Kronblätter weiß-cremefarbig, zurückgeschlagen. Staubblätter 4, blassgelb. Frucht eine rote Beere. Kalk meidend.

◎ Blüte: Juni bis Juli.

◎ **BIOTOP**: vom Tiefland bis in die untere alpine Zone verbreitet. In Fjäll-Birkenwäldern, unter Gebüschen, liebt Beschattung (Name). Oft bestandsbildend.

◎ Bis in 900 m Höhe beobachtet.

◎ **VERBREITUNG**: Skandinavien, nördliches Asien, Mitteleuropa.

Maiglöckchen

Convallaria majalis L.

Familie: Mäusedorngewächse - Ruscaceae

E. Lily of the Valley N. Liljekonvall S. Liljekonvalj

◎ **BIOLOGIE**: Staude, 10–20 cm hoch. Rhizom oft flächig entwickelt. 2, selten 3 lanzettlich-elliptische Blätter. Viele Längsnerven, grün. 1 aufrechter, unbelaubter Blütenstängel. 2–12 kurz gestielte Blüten, in einer einseitswendigen Traube. Blütenblätter zu einer Glocke verwachsen. Blütenrand mit 6 bogigen Zipfeln, weiß. Angenehm duftend. Frucht eine rote Beere. Pflanze toxisch.
◎ Blüte: Mai bis Juli.

◎ **BIOTOP**: vom Tiefland bis in die mittlere alpine Zone verbreitet. In humosen Böden, Hochstaudenfluren, im Fjäll wenig verbreitet.
◎ Bis in 1.200 m Höhe beobachtet.

◎ **VERBREITUNG**: Skandinavien, westliches Russland, nördliches Asien, Mitteleuropa.

Ähren-Hainbinse

Luzula spicata (L.) DC.

Familie: Binsengewächse - Juncaceae

E. Spiked Woodrush N. Aksfrytle S. Axfryle

◎ **BIOLOGIE**: Staude, 10–20 cm hoch. Rhizom schwach, geringe Ausbreitung. Stängel aufrecht, rund, dünn, grün, in lockeren Büscheln. Grundständige Blattscheiden hellgelb-braun. Blätter linealisch, rinnig gefaltet. Spreitenrand bewimpert. Obere Halmblätter (1–2) mit flacher Blattspreite. Alle Blätter grün. Blütenstände endständig, nickend. Tragblätter in Blütenlänge, selten länger. Ähre mit mehreren Teilblütenständen. Blütenhüllblätter bis 3 mm lang, braun. Kalk meidend.

◎ Blüte: Juni bis Juli.

◎ **BIOTOP**: von der subalpinen bis in die mittlere alpine Zone verbreitet. Auf sandigen-kiesigen Trockenrasenflächen, Schotterfeldern, an Abbruchkanten, in Bachschotter.

◎ Bis in 1.200 m Höhe beobachtet.

◎ **VERBREITUNG**: Skandinavien, Island, Shetland-Inseln, Grönland, nördliches Nordamerika, nördliches Asien, Mitteleuropa.

Sudeten-Hainbinse

Luzula sudetica (WILLD.) SCHULT.

Familie: Binsengewächse - Juncaceae

E. Sudetan Woodrush N. Myrfrytle S. Svartfryle

◎ **BIOLOGIE**: Staude, 15–30 cm hoch. Rhizom schwach, geringe Ausbreitung. Stängel aufrecht, rund, grün, rötlich überlaufen. Halme in lockerer Annäherung stehend. Grundständige Blattscheiden hellbraun-braun. Grundständige Blätter aufrecht, bis 6 cm lang, linealisch, behaart. Stängelblätter an der Basis behaart. Stängelspitzen mit 2 Tragblättern, hellbraun, rotbraun überlaufen. 3–8 Blütenköpfchen, mit je 3–6 Ährchen, geknäult, braun. Kalk meidend.
◎ Blüte: Juni bis Juli.

◎ **BIOTOP**: von der subalpinen bis in die mittlere alpine Zone verbreitet. Auf feuchten Wiesen, zwischen Weidengebüsch, in Flachmooren.
◎ Bis in 1.200 m Höhe beobachtet.

◎ **VERBREITUNG**: Skandinavien, Island, nördliches Asien, Mitteleuropa.

Bogenförmige Hainbinse

Luzula arcuata (WAHLENB.) SW.

Familie: Binsengewächse - Juncaceae

E. Curved Woodrush N. Buefrytle S. Bågfryle

◎ **BIOLOGIE**: Staude, 5–20 cm hoch. Stängel aufrecht, rund, dünn, lockere Büschel bildend, dunkelgrün-rotbraun. Blätter in Bodennähe linealisch, 2–6 cm lang, rinnig gefaltet. Scharf und spitz auslaufend, rotbraun. In Stängelmitte ein pfriemliches Blatt. Spreitenkante behaart. Blattscheiden am Schlund wollhaarig. Blütenknäule klein, wenige Blüten, an feinen, bogigen Stängeln. Tragblatt so lang wie das Blütenknäuel, rotbraun. Kapseln rundlich, braun.
◎ Blüte: Juli bis August.

◎ **BIOTOP**: von der subalpinen bis in die mittlere alpine Zone verbreitet. Auf sandigen-kiesigen Böden, Magerrasen, an Abbruchkanten, auf Schotterflächen, auf Schneeböden.
◎ Bis in 1.200 m Höhe beobachtet.

◎ **VERBREITUNG**: Skandinavien, Island, Shetland-Inseln, Grönland, nördliches Asien.

Dreiblatt-Binse

Juncus trifidus L.

Familie: Binsengewächse - Juncaceae

E. Three-leaved Rush N. Rabbesiv S. Klynnetåg

◎ **BIOLOGIE**: Staude, 5–30 cm hoch. Rhizom unterirdisch, viele Ausläufer. Stängel aufrecht, rund, dünn, grün. Meist in Reihe oder horstähnlich. Blattscheide an der Basis gelblich. In Stängelmitte ein bis zu 8 cm langes, rinniges Blatt, mit tief geschlitztem Öhrchen. 2–3 Tragblätter, bis zu 8 cm lang, borstig. Spirre in Tragblattachseln, bis zu 4 Einzelblüten. Blütenhülle dunkelbraun, Mittelstreif grün. Kalk meidend.
◎ Blüte: Juli bis August.

◎ **BIOTOP**: von der subalpinen bis in die mittlere alpine Zone verbreitet. Auf trockenen Schotterbänken, an Abbruchkanten, an windexponierten Plätzen.
◎ Bis in 1.400 m Höhe beobachtet.

◎ **VERBREITUNG**: Skandinavien, Island, Shetland-Inseln, nördliches Nordamerika, nördliches Asien, Mitteleuropa.

Dreiblütige Binse

Juncus triglumis L.

Familie: Binsengewächse - Juncaceae

E. Three-flowered Rush N. Trillingsiv S. Lapptåg

◎ **BIOLOGIE**: Staude, 5–15 cm hoch. Rhizom mit dicht gedrängten aufrechten Stängeln. Grundständige Blattscheide braun. 2 Blätter, 2–7 cm lang, pfriemlich, grün. Tragblatt an der Sprossspitze, rostbraun, mit 3 (2–5) Blüten. Hüllblätter hellbraun, innen hellgelb.

◎ Blüte: Juni bis August.

◎ **BIOTOP**: von der unteren alpinen bis in die mittlere alpine Zone verbreitet. Auf feuchten-quelligen Sand- und Kiesflächen, an moorigen Stellen.

◎ Bis in 1.200 m Höhe beobachtet.

◎ **VERBREITUNG**: Skandinavien, Island, Shetland-Inseln, Svalbard, Grönland, nördliches Nordamerika, Mitteleuropa.

Baltische Binse

Juncus balticus WILLD.

Familie: Binsengewächse - Juncaceae

E. Baltic Rush N. Finnmarkssiv S. Östersjötåg

◎ **BIOLOGIE**: Staude, 20–40 cm hoch. Rhizom unterirdisch, Ausläufer mit Schuppenblättchen. Stängel aufrecht, kräftig, rund, dunkelgrün, stark glänzend. Meist in Reihe oder horstähnlich. Basis der Blattscheiden trocken, hellbraun. Spirre im oberen Drittel in der Achsel eines Tragblattes. 10–15 Einzelblüten, Hüllblätter rostbraun, grüner Mittelstreif.
◎ Blüte: Juni bis Juli.

◎ **BIOTOP**: von der subalpinen bis in die mittlere alpine Zone verbreitet. Auf feucht-nassen Sand- und Kiesbänken, in Schotter, an Bachufern.
◎ Bis in 900 m Höhe beobachtet.

◎ **VERBREITUNG**: Skandinavien, Shetland-Inseln, Grönland, nördliches Nordamerika, nördliches Asien, Mitteleuropa.

Zweiblütige Binse

Juncus biglumis L.

Familie: Binsengewächse - Juncaceae

E. Two-flowered Rush N. Tvillingsiv S. Polartåg

◎ **BIOLOGIE**: Staude, 5–10 cm hoch. Stängel aufrecht, rund, grün, in Büscheln. Im unteren Drittel ein linealisches, grünes Blatt. Blüten in den Achseln der Tragblätter, diese überragend, grün, Basis braun. Blüten außen bräunlich, innen viele gelbe Staubblätter.
◎ Blüte: Juli bis August.

◎ **BIOTOP**: von der subalpinen bis in die mittlere alpine Zone verbreitet. Auf kiesigen Unterlagen, an Abbruchkanten, auf Schneeböden.
◎ Bis in 1.200 m Höhe beobachtet.

◎ **VERBREITUNG**: Skandinavien, Island, Shetland-Inseln, Svalbard.

Kastanienbraune Binse

Juncus castaneus SM.

Familie: Binsengewächse - Juncaceae

E. Chestnut Rush N. Kastanjesiv S. Bruntåg

◎ **BIOLOGIE**: Staude, 10–25 cm hoch. Rhizom grob, weit verzweigt. Stängel aufrecht, rund, grün, in größeren Abständen. Blattscheiden grundständig, häutig, rotbraun. Im unteren Drittel mehrere Blätter. Blattspreite lanzettlich, flach rinnig, grün. Spreitenrand scharf und rau. Spirre in Tragblattachseln, endständig, 1–3 Köpfchen, mit 2–4 (5–14) Blüten. Hüllblätter glänzend, kastanienbraun, Blüten hellgelb.
◎ Blüte: Juni bis August.

◎ **BIOTOP**: von der unteren alpinen bis in die mittlere alpine Zone verbreitet. In Flachmooren, Quellsümpfen, auf nassen Sanden und Kiesen.
◎ Bis in 1.500 m Höhe beobachtet.

◎ **VERBREITUNG**: Skandinavien, Island, Svalbard, nördliches Nordamerika, nördliches Asien.

Scheidiges Wollgras

Eriophorum vaginatum L.

Familie: Riedgrasgewächse – Cyperaceae

E. Cotton-grass N. Torvull S. Tuvull

◎ **BIOLOGIE**: Staude, 10–60 cm hoch. Rhizom ohne Ausläufer. Stängel aufrecht, rund, in Blütennähe 3kantig, grün. Blätter linealisch-pfriemlich, dachförmig abgeflacht, bis 2 mm breit, mit Härchen. Blattscheide aufgeblasen. Blätter grün-grau. Stängel mit einem aufrechten, 15–30 mm langen Ährchen. Spelze langoval, spitz auslaufend, silbrig-braun, mittig grau. Fruchthaare bis 25 mm lang, weiß. Kalk meidend.
◎ Blüte: Mai bis Juni.

◎ **BIOTOP**: vom Tiefland bis in die untere alpine Zone verbreitet. In Mooren, auf Birkenmoorflächen.
◎ Bis in 1.100 m Höhe beobachtet.

◎ **VERBREITUNG**: Skandinavien, Shetland-Inseln, Grönland, nördliches Nordamerika, nördliches Asien, Mitteleuropa.

Scheuchzer Wollgras

Eriophorum scheuchzeri HOPPE

Familie: Riedgrasgewächse – Cyperaceae

E. Arctic Cotton-grass N. Snøull S. Polarull

◎ **BIOLOGIE**: Staude, 10–25 cm hoch. Rhizom kriechend. Stängel aufrecht, rund, grün. Grund- und Stängelblätter linealisch, Querschnitt halbrund, keine aufgeblasene Blattscheide, grün. Ährchen einzeln, endständig, bis zu 10 mm lang. Spelze langoval, silbrig, mit weißer Spitze. Fruchthaare bis 25 mm lang, weiß, kugelförmig angeordnet. Kalk meidend.
◎ Blüte: Juni bis Juli.

◎ **BIOTOP**: von der subalpinen bis in die mittlere alpine Zone verbreitet. In Flachmooren, Gräben, an Tümpelufern, auf See- und Bachschotterflächen.
◎ Bis in 1.500 m Höhe beobachtet.

◎ **VERBREITUNG**: Skandinavien, Island, Svalbard, Grönland, nördliches Nordamerika, Westrussland, Mitteleuropa.

Schmalblättriges Wollgras

Eriophorum angustifolium HONCK.

Familie: Riedgrasgewächse – Cyperaceae

E. Common Cotton-grass N. Duskmyrull S. Ängsull

◎ **BIOLOGIE**: Staude, 20–50 cm hoch. Rhizom unterirdisch, mit Ausläufern. Stängel aufrecht, rund, in Blütennähe 3kantig. Grundblätter meist braun. Stängelblätter linealisch, rinnig, Unterseite gekielt, mit langer, 3kantiger Spitze. Blattspreite 2–6 mm breit, grün, oft rötlich überlaufen. Blattrand rau. Obere Blattscheide trichter-blasenförmig, mit 3–5 etwa 2 cm langen, schmalen Ährchen. Ährchenstiel behaart, Spelze langoval, braungrau, weißrandig. Fruchthaare bis 5 cm lang, weiß. Pflanze bildet lockere Rasen. Kalk meidend.
◎ Blüte: Mai bis Juni.

◎ **BIOTOP**: vom Tiefland bis in die mittlere Zone verbreitet. Auf nassen Wiesen, an Moorseerändern, in Flachmooren.
◎ Bis in 1.200 m Höhe beobachtet.

◎ **VERBREITUNG**: Skandinavien, Island, Shetland-Inseln, Svalbard, Grönland, nördliches Nordamerika, Mitteleuropa.

Breitblättriges Wollgras

Eriophorum latifolium HOPPE

Familie: Riedgrasgewächse – Cyperaceae

E. Broad-leaved Cotton-grass N. Breiull S. Gräsull

◎ **BIOLOGIE**: Staude, 20–70 cm hoch. Rhizom unterirdisch, stets ohne Ausläufer. Stängel aufrecht, schwach nickend, 3kantig, in flachen, engrasigen Beständen. Stängelblätter kurz, lanzettlich-linealisch. Spreite 3–8 mm breit, grün, Rand rau. Oberste Blattscheide stets eng anliegend, grün-rötlich überlaufen. Blütenstand mit 5–12 (2–4), 1 cm langen Ährchen. Ährenstielchen mit nach vorn gerichteten, kurzen, steifen Härchen. Spelze breitoval, bräunlich-grau, mit weißem Rand. Fruchthaare bis 2,5 cm lang, weiß. Kalkhold.
◎ Blüte: Juni bis Juli.

◎ **BIOTOP**: vom Tiefland bis in die subalpine Zone verbreitet. In Verlandungszonen kleiner Seen, Flachmooren, quelligen Hangmooren, auf Riedgraswiesen.
◎ Bis in 850 m Höhe beobachtet.

◎ **VERBREITUNG**: Skandinavien, nördliches Asien, Mitteleuropa.

Alpen-Haarsimse

Trichophorum alpinum (L.) PERS.

Familie: Riedgrasgewächse – Cyperaceae

E. Cotton Deergrass N. Sveltull S. Snip

◎ **BIOLOGIE**: Staude, 15–30 cm hoch. Rhizom unterirdisch, kriechend. Stängel aufrecht, deutlich 3kantig, gelblich-grün. Ährchen endständig, mit 8–12 Blüten. Spelze fast Ährchen-groß, hellbraun. Frucht mit 1–2 cm langem, geschlängeltem, weißem Wollschopf. Pflanze lockere Rasen bildend. Kalk meidend.
◎ Blüte: Juni bis Juli.

◎ **BIOTOP**: vom Tiefland bis in die subalpine Zone verbreitet. Auf Verlandungsflächen von Seen, auf nassen, kiesigen und sandigen Flächen, an Moorrändern.
◎ Bis in 800 m Höhe beobachtet.

◎ **VERBREITUNG**: Skandinavien, nördliches Nordamerika, nördliches Asien, Mitteleuropa.

Kopf-Segge

Carex capitata L.

Familie: Riedgrasgewächse – Cyperaceae

E. Capitate Sedge N. Hodestarr S. Huvudstarr

◎ **BIOLOGIE**: Staude, 10–30 cm hoch. Rhizom ohne Ausläufer. Stängel aufrecht, 3kantig, starr, Blütenstandbasis rau. Bildet dichte Rasen. Blätter pfriemlich, rinnig, borstlicher Spreitenrand, rau, grün. Ährchen endständig, kugelig-oval. Männliche Blüten an der Spitze. Weibliche Blüten mit rötlich-brauner Spelze, Ränder weiß-gelblich. 2 Narben, Schläuche flach, weißgrün. Basenhold.
◎ Blüte: Juni bis August.

◎ **BIOTOP**: von der subalpinen bis in die mittlere alpine Zone verbreitet. In Flach- und Zwischenmooren, an Rändern von Hochmooren.
◎ Bis in 1.200 m Höhe beobachtet.

◎ **VERBREITUNG**: Skandinavien, Island, Grönland, nördliches Nordamerika, nördliches Asien.

Felsen-Segge

Carex rupestris ALL.

Familie: Riedgrasgewächse – Cyperaceae

E. Rock Sedge N. Bergstarr S. Klippstarr

◎ **BIOLOGIE**: Staude, 5–15 cm hoch. Rhizom mit kurzen Ausläufern. Stängel aufrecht bis gebogen, 3kantig. Blätter linealisch, 1–2 mm breit, flach rinnig, Rand rau. Blätter grundständig. Blattspreite gebogen-gedreht, gelbgrün. Blütenähre länger als die Blätter. An der Spitze männliche Blüten, schlank. Darunter 4 weibliche Blüten, breiter. Spelze 3–4 mm lang, braun-rotbraun, mit häutigem Rand. Schläuche bis 4 mm lang, elliptisch, stumpf, 3kantig, 3 Narben, olivgrün-braun. Basenhold.
◎ Blüte: Juni bis Juli.

◎ **BIOTOP**: von der subalpinen bis in die obere alpine Zone verbreitet. Auf Kies- und Schotterböden, an Abbruchkanten, Graten, windexponierten Plätzen.
◎ Bis in 1.800 m Höhe beobachtet. Sehr anspruchslos.

◎ **VERBREITUNG**: Skandinavien, Island, Svalbard, Grönland, nördliches Nordamerika, nördliches Asien.

Wenigblütige Segge

Carex pauciflora LIGTHF.

Familie: Riedgrasgewächse – Cyperaceae

E. Few-flowered Sedge N. Sveltstarr S. Taggstarr

◎ **BIOLOGIE**: Staude, 5–20 cm hoch. Rhizom zierlich, mit oberirdischen Ausläufern. Stängel aufrecht, stumpf 3kantig, glatt. Blütenstielbasis rau. Grundständige Blätter kurz, pfriemlich, grün. Ein Stängelblatt mit gekielter Spitze, rau. Lockere Ähre endständig, 1–2 cm lang. Spitze mit 1–2 männlichen Blüten, schlank. Darunter 2–5 weibliche Blüten, breiter. Spelze lanzettlich, bis 6 mm lang, hellrotbraun. Schläuche bis 8 mm lang, spindelförmig, zurückgeschlagen, strohgelb.
◎ Blüte: Juni bis Juli.

◎ **BIOTOP**: vom Tiefland bis in die mittlere alpine Zone verbreitet. Auf nassen Torfböden, in Verlandungszonen von Bergseen.
◎ Bis in 1.200 m Höhe beobachtet.

◎ **VERBREITUNG**: Skandinavien, nördliches Nordamerika, nördliches Asien, Mitteleuropa.

Bräunliche Segge

Carex brunnescens (PERS.) POIR.

Familie: Riedgrasgewächse – Cyperaceae

E. Brownish Sedge N. Seterstarr S. Nickstarr

◎ **BIOLOGIE**: Staude, 10–30 cm hoch. Rhizom wenig verzweigt. Stängel aufrecht, 3kantig, Blütenbasis rau, grün. Blätter linealisch, 1–2 mm breit, wenig rinnig, grün. Spitze scharf auslaufend, rau. Blütenähre endständig. Mehrere Ährchen, oben dichter, unten lockerer, grün. Weibliche Blüten an der Spitze, männliche darunter. Spelze gelblich-braun, weißrandig. Schläuche bis 2 mm lang, geschnäbelt. Innenseite flach, außen gewölbt. Kalk meidend.
◎ Blüte: Juni bis Juli.

◎ **BIOTOP**: von der subalpinen bis in die untere alpine Zone verbreitet. In Verlandungszonen von Seen, an Moorrändern, auf kiesigen Flächen.
◎ Bis in 1.100 m Höhe beobachtet.

◎ **VERBREITUNG**: Skandinavien, Island, nördliches Nordamerika, nördliches Asien, Mitteleuropa.

Starre Segge

Carex bigelowii SCHWEIN.

Familie: Riedgrasgewächse – Cyperaceae

E. Stiff Sedge N. Stivstarr S. Styvstarr

◎ **BIOLOGIE**: Staude, 10–20 cm hoch. Rhizom gedrungen, kurze Ausläufer. Stängel kräftig, starr, 3kantig, glatt. Blütenstandbasis rau, graugrün. Blätter lanzettlich, nach außen gebogen. Spreite flach-leicht rinnig, 3–5 mm breit, rau, graugrün. Blattscheide gelbgrün. Endständige Ähre männlich, stets aufrecht, braunschwarzbraun. Darunter 2–3 weibliche Ähren, stets aufrecht. Spelze schwarz, Rand gelblich-braun. Schläuche linsenförmig, leicht kantig, bis 3 mm lang. Kalk meidend.
◎ Blüte: Juni bis Juli.

◎ **BIOTOP**: von der unteren alpinen bis in die obere alpine Zone verbreitet. In Heiden, auf Schotterflächen, an Abbruchkanten, windexponierten Plätzen, in Flachmooren, auf Schneeböden.
◎ Bis in 1.600 m Höhe beobachtet.

◎ **VERBREITUNG**: Skandinavien, Island, Shetland-Inseln, nördliches Nordamerika, Mitteleuropa.

Buxbaum-Segge

Carex buxbaumii WAHLENB.

Familie: Riedgrasgewächse – Cyperaceae

E. Club Sedge | N. Klubbestarr | S. Klubbstarr

◎ **BIOLOGIE**: Staude, 20–60 cm hoch. Rhizom kräftig, unterirdische Ausläufer. Stängel aufrecht, 3kantig, Blütenstandbasis rau, graugrün. Blätter schmallanzettlich, 2–4 mm breit, flach, grundständig, graugrün. Endständige Ähre männlich, stets aufrecht, grün-braun. Darunter 2–3 weibliche Ähren, stets aufrecht. Spelze eiförmig, 2 mm lang, grün-braun, mit gelbem Mittelstrich. Schläuche so lang wie die Spelze, mit 2 gespreizten Schnabelzähnchen. Unteres Tragblatt die oberste Ähre überragend. Kalk meidend.
◎ Blüte: Juni.

◎ **BIOTOP**: von der subalpinen bis in die untere alpine Zone verbreitet. In Verlandungszonen von Seen, auf nassen Wiesen, in Flachmooren.
◎ Bis in 900 m Höhe beobachtet.

◎ **VERBREITUNG**: Skandinavien, nördliches Asien, Mitteleuropa.

Geschwärzte Segge

Carex atrata

Familie: Riedgrasgewächse – Cyperaceae

E. Black Sedge N. Svartstarr S. Svartstarr

◎ **BIOLOGIE**: Staude, 15–60 cm hoch. Rhizom kräftig, mit unterirdischen Ausläufern. Stängel aufrecht, starr, scharf 3kantig, grün. Blätter linealisch, 5–8 mm breit, flach-schwach rinnig, grün-graugrün. Endständige Ähre langoval, 10–15 mm lang, Spitze mit weiblichen Blüten. Darunter die männlichen Blüten. In Abständen folgen, tiefer, weibliche Ähren. Spelze schwarz, Rand und Mittellinie gelbgrün. Schläuche 3–4 mm lang, gelbbraun. Basenhold.
◎ Blüte: Juni bis Juli.

◎ **BIOTOP**: von der subalpinen bis in die mittlere alpine Zone verbreitet. In Fjäll-Birkenwäldern, Hochstaudenfluren, auf Wiesen.
◎ Bis in 1.400 m Höhe beobachtet.

◎ **VERBREITUNG**: Skandinavien, Island, Shetland-Inseln, nördliches Nordamerika, Mitteleuropa.

Heide-Segge

Carex ericetorum POLLICH

Familie: Riedgrasgewächse – Cyperaceae

E. Rare Spring Sedge N. Bakkestarr S. Backstarr

◎ **BIOLOGIE**: Staude, 10–25 cm hoch. Rhizom mit vielen unterirdischen Ausläufern. Stängel aufrecht, starr, 3kantig, rau, grün. Blätter grundständig, aufrecht-gebogen, linealisch. Spreite 2–3 mm breit, flach-rinnig, Rand rau, grün. Endständige Ähre langoval, männlich. Darunter in lockeren Abständen 1–3 weibliche Ähren. Spelze verkehrteiförmig, braun-rotbraun, mit breitem weißen Rand. Schläuche 15–20 mm lang, oval. Basenhold.
◎ Blüte: Juni bis Juli.

◎ **BIOTOP**: von der subalpinen bis in die mittlere alpine Zone verbreitet. In Heiden, lehmhaltigen Sanden, an Abbruchkanten.
◎ Bis in 1.200 m Höhe beobachtet.

◎ **VERBREITUNG**: Skandinavien, Mitteleuropa.

Frühlings-Segge

Carex caryophyllea LATOURR.

Familie: Riedgrasgewächse – Cyperaceae

E. Spring Sedge N. Vårstarr S. Vårstarr

◎ **BIOLOGIE**: Staude, 5–30 cm hoch. Ausläufer kurz, schwach entwickelt. Stängel aufrecht, starr, grün. Blätter bodenständig, schmallanzettlich, wenig gefaltet, hellgrün. Erreichen nur die halbe Stängellänge, meist kürzer, gebogen. Mehrere endständige Ähren, dicht gedrängt. Männliche Ähren schlank, am längsten. Spelze langoval, rotbraun, mit grünem Längsstrich. Weibliche Blüten etwas tiefer. Schläuche 2–3 mm lang, dunkelbraun. Basenhold.
◎ Blüte: Juni bis Juli.

◎ **BIOTOP**: von der subalpinen bis in die mittlere alpine Zone verbreitet. Auf Kies- und Schotterflächen, an windexponierten Plätzen.
◎ Bis in 1.200 m Höhe beobachtet.

◎ **VERBREITUNG**: Skandinavien, Island, nördliches Asien, Mitteleuropa.

Haarstiel-Segge

Carex capillaris L.

Familie: Riedgrasgewächse – Cyperaceae

E. Hair Sedge N. Hårstarr S. Hårstarr

◎ **BIOLOGIE**: Staude, 5–20 cm hoch. Rhizom zierlich entwickelt, Horst bildend. Stängel aufrecht-leicht gebogen, starr, rund, grün. Blätter linealisch, 1–2 mm breit, Rand rau, grün, dichtrasig. Männliche Blütenähre endständig, 2–4 cm lang, braun. Darunter 2–3 lang gestielte weibliche Ähren. Spelze grün, Rand hell, Mittellinie dunkelgrün. Schläuche 3–4 mm lang, braun.
◎ Blüte: Juli bis August.

◎ **BIOTOP**: von der subalpinen bis in die mittlere alpine Zone verbreitet. Auf Wiesen, in Silberwurzheiden, an Flachmoorrändern, an Abbruchkanten.
◎ Bis in 1.400 m Höhe beobachtet.

◎ **VERBREITUNG**: Skandinavien, Island, Shetland-Inseln, Svalbard, nördliches Nordamerika, nördliches Asien, Mitteleuropa.

Gelb-Segge

Carex flava L.

Familie: Riedgrasgewächse – Cyperaceae

E. Large Yellow Sedge N. Gulstarr S. Knagglestarr

◎ **BIOLOGIE**: Staude, 15–45 cm hoch. Rhizom kräftig. Stängel aufrecht, starr, 3kantig, grün, glatt. Blattspreite lanzettlich, 2–5 mm breit, flach-rinnig, gelbgrün-grün. Endständige, aufrechte Ähre männlich, hellbraun-braun. Darunter in lockeren Abständen 2–5 walzenförmige weibliche Ähren. Spelze gelbgrün. Schläuche aufgeblasen, 2–5 mm lang, gelbgrün, leicht schief stehend.
◎ Blüte: Juni bis Juli.

◎ **BIOTOP**: von der subalpinen bis in die untere alpine Zone verbreitet. An Wiesenrändern, ruhigen Bachabschnitten, in Flachmooren, Verlandungszonen von Seen.
◎ Bis in 950 m Höhe beobachtet.

◎ **VERBREITUNG**: Skandinavien, Island, nördliches Nordamerika, nördliches Asien, Mitteleuropa.

Runde Segge

Carex rotundata WAHLENB.

Familie: Riedgrasgewächse – Cyperaceae

E. Round Sedge N. Rundstarr S. Rundstarr

◎ **BIOLOGIE**: Staude, 15–30 cm hoch. Rhizom wenig verzweigt. Stängel aufrecht, starr, 3kantig, glatt, graugrün. Blätter schmallanzettlich, oft länger als der Blütenstand, grundständig. Blattspreite rinnig, rau, grün. Blattscheide gelbgrün. Endständige Ähre männlich, stets aufrecht, hell-dunkelbraun. 1–2 weibliche Ähren darunter, aufrecht. Spelze hellgrün, mit großem dunkelbraunen Fleck. Schläuche bis 3 mm lang, braun. Hybridisiert mit Carex saxatilis L.
◎ Blüte: Juli.

◎ **BIOTOP**: von der unteren alpinen bis in die mittlere alpine Zone verbreitet. In Verlandungszonen von Bergseen, Flachmooren, auf nassen, kiesigen Flächen.
◎ Bis in 1.200 m Höhe beobachtet.

◎ **VERBREITUNG**: Skandinavien, nördliches Nordamerika, nördliches Asien.

Geringblütige Segge

Carex rariflora (WAHLENB.) SM.

Familie: Riedgrasgewächse – Cyperaceae

E. Loose-flowered alpine Sedge N. Snipestarr S. Myggstarr

◎ **BIOLOGIE**: Staude, 10–15 cm hoch. Rhizom kräftig, viele unterirdische Ausläufer. Stängel aufrecht, starr, rund, grün. Blätter lanzettlich, bis 3 mm breit, grün-blaugrün. Endständige, aufrechte Ähre männlich, rotbraun. Darunter, an feinen Stielen, hängen 2–3 weibliche Ähren. Spelze rotbraun. Schläuche 2–3 mm lang, rotbraun.
◎ Blüte: Juni bis Juli.

◎ **BIOTOP**: von der subalpinen bis in die mittlere alpine Zone verbreitet. An Flachmoorrändern, Wegrändern, auf feuchten Wiesen, in Verlandungszonen von Seen.
◎ Bis in 1.200 m Höhe beobachtet.

◎ **VERBREITUNG**: Skandinavien, Island, nördliches Nordamerika.

Schwarzrote Segge

Carex atrofusca SCHKUR

Familie: Riedgrasgewächse – Cyperaceae

E. Dark-brown Sedge N. Sotstarr S. Svedstarr

◎ **BIOLOGIE**: Staude, 15–40 cm hoch. Rhizom schlank, wenige Ausläufer. Stängel aufrecht, starr, rund, etwas rau, grün-blaugrün. Blattspreite lanzettlich, 2–3 mm breit, flach, Rand rau, grün-blaugrün. Endständige, aufrechte Ähre, männlich, dunkelbraun-schwarzbraun. Darunter in lockeren Abständen 2–3, an feinen Stielen, langoval-rundliche, weibliche Ähren. Spelze 2–3 mm lang, dunkelbraun, Rand weiß. Schläuche 3kantig, bis 5 mm lang, dunkelbraun.
◎ Blüte: Juni bis Juli.

◎ **BIOTOP**: von der subalpinen bis in die mittlere alpine Zone verbreitet. In Flachmooren, quelligen Hangabsätzen, Verlandungszonen von Seen, auf Wiesen.
◎ Bis in 1.400 m Höhe beobachtet.

◎ **VERBREITUNG**: Skandinavien, nördliches Nordamerika, nördliches Asien.

Blanke Segge

Carex saxatilis L.

Familie: Riedgrasgewächse – Cyperaceae

E. Russet Sedge N. Blankstarr S. Glansstarr

◎ **BIOLOGIE**: Staude, 10–40 cm hoch. Rhizom wenig verzweigt, kriechend. Stängel aufrecht, starr, 3kantig, rau, grün. Blätter schmallanzettlich, lang, 3–4 mm breit, grundständig. Spreite flach rinnig, rau, grün. Blattscheide leicht verdickt, gelbgrün. Endständige Ähre männlich, immer aufrecht, schlank, braun. Weibliche Ähre eiförmig, aufrecht, später hängend. Spelze dunkelbraun. Schläuche bis 3 mm lang, glänzend. Hybridisiert mit Carex rotundata WAHLENB.
◎ Blüte: Juli.

◎ **BIOTOP**: von der unteren alpinen bis in die mittlere alpine Zone verbreitet. In Flachmooren, im übrigen baumlosen Fjäll.
◎ Bis in 1.400 m Höhe beobachtet.

◎ **VERBREITUNG**: Skandinavien, Island, Shetland-Inseln, Svalbard, Grönland, nördliches Nordamerika, nördliches Asien.

Norwegische Segge

Carex norvegica RETZ.

Familie: Riedgrasgewächse – Cyperaceae

E. Alpine Sedge N. Fjellstarr S. Fjällstarr

◎ **BIOLOGIE**: Staude, 15–35 cm hoch. Rhizom kräftig, kurze Ausläufer. Stängel aufrecht-gebogen, scharf 3kantig, oberes Viertel rau, grün. Blätter lanzettlich, 1–3 mm breit, flach rinnig, grün-hellgrün. Blattspitze erreicht die Stängelspitze. Endständige Ähre kugelig, aus 3–4 Ährchen bestehend. Oberstes Ährchen an der Spitze weiblich, darunter männlich. Restliche Ährchen weiblich. Spelze 1–2 mm lang, dunkelbraun-schwarzbraun, mit gelbgrünem Rand. Schläuche 1–2 mm lang, kantig, geschnäbelt.
◎ Blüte: Juni bis Juli.

◎ **BIOTOP**: von der subalpinen bis in die untere alpine Zone verbreitet. Auf lockerem Steinschutt, in Verlandungszonen von Bergseen.
◎ Bis in 1.200 m Höhe beobachtet.

◎ **VERBREITUNG**: Skandinavien, Island, nördliches Nordamerika, nördliches Asien.

Borstgras

Nardus stricta L.

Familie: Süßgräser – Poaceae

E. Mat-grass N. Finnskjegg S. Stagg

◎ **BIOLOGIE**: Staude, 15–20 cm hoch. Büschelwurzeln schwach entwickelt, feste Horste bildend. Außen die Blätter des Vorjahres, am Boden liegend. Blattspreite borstlich, eingerollt, 10–15 cm lang, aufrecht stehend. Junge Außenblätter fast waagerecht abstehend. Blatthäutchen 1–2 mm lang. Halme blattlos, stehen aufrecht und steif. Ähre 8–12 cm lang, mit 2 Reihen Ährchen, einseitswendig. Ährchen 4–8 mm lang, 1blütig, schlank, 3kantig. Nach der Blüte abstehend, gelb. Grannen bis zu 3 mm lang. Kalk meidend.
◎ Blüte: Juni bis August.

◎ **BIOTOP**: von der subalpinen bis in die mittlere alpine Zone verbreitet. Auf Heideböden, Magerrasen, in feinem Schotter.
◎ Bis in 1.200 m Höhe beobachtet.

◎ **VERBREITUNG**: Skandinavien, Island, Shetland-Inseln, nördliches Asien, Mitteleuropa.

Alaska-Strandroggen

Leymus alaskanus (SCRIBN. u. MERR.) A. LÖVE

Familie: Süßgräser – Poaceae

E. Alaska Lyme-grass N. Fjellkveke S. Liten fjällelm

◎ **BIOLOGIE**: Staude, 20–40 cm hoch. Wurzel Büschel bildend, mit Ausläufern. Halme aufrecht, steif, rund, grün-blaugrün. Blattansatz mit kleinem Öhrchen und schmalem Häutchen. Blätter lanzettlich, kurz. Blattspreite 3–4 mm breit, blaugrün. Ähre 4–8 cm lang, mit paarweisen Ährchen, 2–3 blütig, Hüllspelzen mit kurzen, spitzen Grannen.
◎ Blüte: Juli bis August.

◎ **BIOTOP**: von der unteren bis in die mittlere alpine Zone verbreitet. Auf Schotterflächen, an Schutthängen, Abbruchkanten, Wegrändern.
◎ Bis in 1.300 m Höhe beobachtet.

◎ **VERBREITUNG**: Skandinavien, Island, Shetland-Inseln, nördliches Nordamerika, nördliches Asien.

Schaf-Schwingel

Festuca ovina L.

Familie: Süßgräser – Poaceae

E. Sheep Fescue N. Sauesvingel S. Fårsvingel

◎ **BIOLOGIE**: Staude, 10–60 cm hoch. Pflanze mit kräftigen Büschelwurzeln, Horst bildend. Halme aufrecht, dünn, elliptisch, etwas rau, mit 1–2 Knoten, hellgrün. Blattscheide fast in ganzer Länge offen, grün, bläulich bereift. Blattspreite linealisch, nach unten gefaltet, rau, mit 5–7 Nerven, grün-blaugrün. Rispe endständig, 3–10 cm lang, 3–7blütig, grün. Ährchen 4–7 mm lang, Deckspelze mit langen Grannen. Kalk meidend.
◎ Blüte: Juni bis Juli.

◎ **BIOTOP**: vom Tiefland bis in die mittlere alpine Zone verbreitet. In Heiden, auf feinkiesigen Plätzen, an Abbruchkanten.
◎ Bis in 1.400 m Höhe beobachtet.

◎ **VERBREITUNG**: Skandinavien, nördliches Nordamerika, nördliches Asien, Mitteleuropa.

Alpen-Rispengras

Poa alpina L.

Familie: Süßgräser – Poaceae

E. Alpine Meadow-grass N. Fjellrapp S. Fjällgröe

◎ **BIOLOGIE**: Staude, 10–30 cm hoch. Büschelwurzeln, kleine Horste bildend. Halme aufrecht, rund, Basis leicht verdickt. Mit 1–2 Knoten, grün, rotbraun überlaufen. Untere Blattscheiden mit schmalen Häutchen, obere etwas breiter, leicht gespitzt. Blätter lanzettlich, 3–8 cm lang, bis 4 mm breit, schwach rinnig, grün. Rispe pyramidenförmig, 2–8 cm lang. In Blüte Rispenäste waagerecht, leicht geschlängelt. Ährchen mit 3–6 Blüten, grün-weinrot überlaufen. An höheren Standorten mit Brutknollen (vegetative Reproduktion).

◎ Blüte: Juni bis September.

◎ **BIOTOP**: von der subalpinen bis in die mittlere alpine Zone verbreitet. Auf Wiesen, an Bachrändern, auf Schneeböden.

◎ Bis in 1.300 m Höhe beobachtet.

◎ **VERBREITUNG**: Skandinavien, Island, Shetland-Inseln, Svalbard, nördliches Nordamerika, nördliches Asien, Mitteleuropa.

Mertens-Straußgras

Agrostis mertensii TRIN.

Familie: Süßgräser – Poaceae

E. Arctic Bent-grass N. Fjellkvein S. Fjällven

◎ **BIOLOGIE**: Staude, 10–25 cm hoch. Büschelwurzeln kräftig, stark Horst bildend. Halme aufrecht, rund, mit 1–2 Knoten, grün. Blattansatz mit schmalem Häutchen. Blattspreite lanzettlich, flach, dünn, weich, hellgrün-grün. Rispe 4–10 cm lang, Rispenäste in Blüte abstehend, glatt, kahl. Ährchen 1blütig, bräunlich-violett. Deckspelze mit Borsten.
◎ Blüte: Juli bis August.

◎ **BIOTOP**: von der subalpinen bis in die untere alpinen Zone verbreitet. Auf Wiesen, an Bachrändern, auf Schotterflächen.
◎ Bis in 1.100 m Höhe beobachtet.

◎ **VERBREITUNG**: Skandinavien, nördliches Nordamerika, nördliches Asien.

Ähren-Grannenhafer

Trisetum spicatum (L.) RICHT.

Familie: Süßgräser – Poaceae

E. Spiked trisetum N. Svartaks S. Vanlig fjällhavre

◎ **BIOLOGIE**: Staude, 10–20 cm hoch. Rhizom bildet lockere Horste. Halme aufrecht, rund, kräftig erscheinend, grün, Rispenbasis mit schwacher Behaarung. Blatt und Blattscheide am Halm mit weichpelziger Behaarung. Blattspreite lanzettlich, 3–4 mm breit, Spitze nach innen gefaltet. Rispe walzenförmig, bis 4 cm lang. Ährchen engstehend, 4–7 mm lang, 2blütig, rotbraun, gelb gescheckt. Deckspelze mit nach außen stehender Granne. Basenhold.

◎ Blüte: Juli bis August.

◎ **BIOTOP**: von der subalpinen bis in die mittlere alpine Zone verbreitet. Auf Wiesen, Schotterflächen, in losem Hangschutt, zwischen Sträuchern.

◎ Bis in 1.100 m Höhe beobachtet.

◎ **VERBREITUNG**: Skandinavien, Island, Svalbard, nördliches Nordamerika, nördliches Asien, Mitteleuropa.

Rasen-Schmiele

Deschampsia cespitosa (L.) P. BEAUV

Familie: Süßgräser – Poaceae

E. Tufted Hair-grass N. Sølvbunke S. Tuvtåtel

◎ **BIOLOGIE**: Staude, 50–100 cm hoch. Büschelwurzeln mit kräftigem Horst. Halm aufrecht, rund, glatt, 2–4 Knoten, hellgrün-grün. Rispenbasis rau. Blattscheide selten rau, 5–7 mm lang. Blattspreite lanzettlich, aufrechtstehend, flach. Oberseite mit 5–7 Längsnerven, rau, grün-dunkelgrün. Blatthäutchen 4–6 mm lang. Rispe pyramidenförmig, locker, 8–20 cm lang. Rispenäste weit ausgebreitet, rau. Ährchen 3–7 mm lang, 2blütig, silbriggrün-violett. Basis der Deckspelze mit gleichlanger Granne. Hüllspelzen eiförmig-lanzettlich, spitz auslaufend.
◎ Blüte: Juni bis Juli.

◎ **BIOTOP**: vom Tiefland bis in die mittlere alpine Zone verbreitet. Auf Wiesen, zwischen Gebüsch, auf Schotterflächen, an Moorrändern, in Quellfluren.
◎ Bis in 1.200 m Höhe beobachtet.

◎ **VERBREITUNG**: Skandinavien, Island, Shetland-Inseln, Svalbard, nördliches Nordamerika, nördliches Asien, Mitteleuropa.

Alpen-Schmiele

Deschampsia alpina (L.) R. et SCH.

Familie: Süßgräser – Poaceae

E. Alpine Hair-grass N. Fjellbunke S. Fjälltåtel

◎ **BIOLOGIE**: Staude, 15–35 cm hoch. Büschelwurzeln mit breit gewachsenem Horst. Weniger Halme als Rasen-Schmiele, stets aufrecht. Halm rund, derb erscheinend, grün-blaugrün. Blätter kurz, bis ein Drittel der Halmlänge. Blattspreite lanzettlich, flach, Oberseite mit mehreren Längsnerven, rau, blaugrün. Blatthäutchen 2–4 mm lang. Rispe 10–14 cm lang, schmal, grün-silbriggrün erscheinend. Ährchen an kurzen Ästchen, bis 6 mm lang, 2blütig. Reproduktion durch Brutknospen.
◎ Blüte: Juli bis August.

◎ **BIOTOP**: von der subalpinen bis in die mittlere alpine Zone verbreitet. Auf Kies- und Schotterflächen, Schneeböden, an Wegrändern.
◎ Bis in 1.600 m Höhe beobachtet. Recht anspruchslos.

◎ **VERBREITUNG**: Skandinavien, Island, Shetland-Inseln, Svalbard, nördliches Asien.

Alpen-Lieschgras

Phleum alpinum L. s. str.

Familie: Süßgräser – Poaceae

E. Alpine Timothy N. Fjelltimotei S. Fjälltimotej

◎ **BIOLOGIE**: Staude, 10–25 cm hoch. Büschelwurzeln mit lockerem Horst. Halm aufrecht, rund, grün, mit bis zu 3 Halmblättern. Blätter lanzettlich, flach, 3–5 mm breit, dunkelgrün, rau. Oberste Blattscheide stets aufgeblasen, violett. Ährenrispe gedrungen, 1–3 cm lang, grün-violett, samtig. Ährchen 4–6 mm lang, 1blütig, mit kurzen Wollhaaren. Hüllspelzen 2–4 mm lang, mit spitz auslaufender Granne, länger als die Deckspelze. Kalk meidend.
◎ Blüte: Juni bis August.

◎ **BIOTOP**: von der subalpinen bis in die mittlere alpine Zone verbreitet. Auf Wiesen, an Hangrändern, Bachufern, in Schneetälchen.
◎ Bis in 1.400 m Höhe beobachtet.

◎ **VERBREITUNG**: Skandinavien, Island, Shetland-Inseln, nördliches Nordamerika, nördliches Asien, Mitteleuropa.

Wiesen-Fuchsschwanz

Alopecurus pratensis L.

Familie: Süßgräser – Poaceae

E. Meadow Foxtail N. Reverumpe S. Ängskavle

◎ **BIOLOGIE**: Staude, 40–120 cm hoch. Aus schief stehendem Rhizom unterirdische Ausläufer, Horst bildend. Halm aufrecht, gelegentlich abgewinkelt. Mehrere grundständige Blätter. An den Halmknoten einzeln stehende Blätter. Blattspreite an der Basis bis zu 1 cm breit, spitz auslaufend. Oberseite rau. Blatthäutchen 3–4 mm lang. An der Stängelspitze 1 etwa 4–8 cm lange Ährenrispe. Ährenrispe an jedem Ährenrispenast mit bis zu 5 Ährchen. Ährchen 5 mm lang, eiförmig. Mit 1 Granne, bis 1 cm lang. Ährenrispe fühlt sich seidig an. Pflanze grün.
◎ Blüte: Mai bis September.

◎ **BIOTOP**: vom Tiefland bis in die mittlere alpine Zone verbreitet. Feuchte, lehmig-tonige Böden, nasse Sand- und Feinschuttböden, Uferwiesen, Gräben, gelegentlich in Hochstaudenfluren. Meistens solitär lebend.
◎ Bis in 1.600 m Höhe beobachtet.

◎ **VERBREITUNG**: Skandinavien, Island, Shetland-Inseln, nördliches Nordamerika, nördliches Asien, Mitteleuropa.

Alpen-Wiesenraute

Thalictrum alpinum L.

Familie: Hahnenfußgewächse – Ranunculaceae

E. Alpine Meadow N. Fjellfrøstjerne S. Fjällruta

◎ **BIOLOGIE**: Staude, 5–15 cm hoch. Rhizom zierlich. Pflanze mit 3–4 Blättern in Bodennähe, doppelt gefiedert. Fiedern rundlich, dunkelgrün, glänzend, Unterseite graugrün. Blüten tragende Stängel aufrecht, Blüten an bis zu 2 cm langen Stielen, violett, mit auffällig gelben-hellgelben Staubblättern.
◎ Blüte: Juli bis August.

◎ **BIOTOP**: von der subalpinen bis in die mittlere alpine Zone verbreitet. An Flachmoorrändern, in Silberwurzheiden, auf felsigen Bergabsätzen.
◎ Bis in 1.500 m Höhe beobachtet.

◎ **VERBREITUNG**: Skandinavien, Island, Shetland-Inseln, Grönland, nördliches Nordamerika.

Trollblume

Trollius europaeus L.

Familie: Hahnenfußgewächse – Ranunculaceae

E. Globe Flower N. Ballblom S. Smörboll

◎ **BIOLOGIE**: Staude, 30–50 cm hoch. Spross mit Längsriefen, nicht verzweigt. Blätter handförmig, bis zum Grund 5–7fach geteilt, mit gesägtem Spreitenrand. Blätter am Blattstiel, obere sitzend. Blüten mit sehr vielen schwefelfgelb-gelben Kronblättern. Angenehm duftend. Toxisch!
◎ Blüte: Juni bis Juli.

◎ **BIOTOP**: vom Tiefland bis in die mittlere alpine Zone verbreitet. Auf quelligen Wiesen, an Bachrändern, in Hochstaudenfluren.
◎ Bis in 1.200 m Höhe beobachtet.

◎ **VERBREITUNG**: Skandinavien (fehlt in Süd- und Westnorwegen), nördliches Asien, Mitteleuropa.

Nördlicher Eisenhut

Aconitum septentrionale KOELLE

Familie: Hahnenfußgewächse – Ranunculaceae

E. Monkshood N. Tyrihjelm S. Nordisk stormhatt

◎ **BIOLOGIE**: Staude, 75–150 cm hoch. Spross aufrecht, unverzweigt, rotbraun, behaart, schwach klebrig. Blätter groß, handförmig, bis zur Mitte mehrfach geteilt, Zipfel gesägt. Blütentraube 20–40 cm lang. Blüten violett, selten rötlich oder gelb. Mit weißen Härchen. Blütenhelm mit 2 langen Honigblättern, Hummelbestäubung. Wurzel toxisch.
◎ Blüte: Juli bis August.

◎ **BIOTOP**: von der subalpinen bis in die untere alpine Zone verbreitet. Lichte Birkenwälder, in Hochstaudenfluren, auf Wiesen.
◎ Bis in 1.400 m Höhe beobachtet.

◎ **VERBREITUNG**: Skandinavien, nördliches Asien.

Sumpf-Dotterblume

Caltha palustris L.

Familie: Hahnenfußgewächse – Ranunculaceae

E. Marsh Marygold N. Soleihov S. Kabbleka

◎ **BIOLOGIE**: Staude, 10–25 cm hoch. Rhizom kräftig, Spross aufrecht, fleischig, hohl, grün, rotbraun überlaufen. Blätter nieren-herzförmig, Spreitenrand gekerbt, grün, glänzend, Adern bräunlich. Blütenstiele in den Achseln der Blätter. Kronblätter 5, dottergelb. Viele Frucht- und Staubblätter. Toxisch!
◎ Blüte: Juni bis Juli.

◎ **BIOTOP**: vom Tiefland bis in die untere alpine Zone verbreitet. In Auenwäldern, Hochstaudenfluren, an Bachufern, auf quelligen Wiesen.
◎ Bis in 1.200 m Höhe beobachtet.

◎ **VERBREITUNG**: Skandinavien, Island, Shetland-Inseln, nördliches Nordamerika, nördliches Asien, Mitteleuropa.

Busch-Windröschen

Anemone nemorosa L.

Familie: Hahnenfußgewächse – Ranunculaceae

E. Wood Anemone N. Kvitveis S. Vitsippa

◎ **BIOLOGIE**: Staude, 10–15 cm hoch. Rhizom kräftig, untererdig. Spross kurz, am Ende des Rhizoms. Blätter langstielig, Blattspreite 3fach gefiedert, grün. Blüten einzeln, 1,5–4 cm im Durchmesser, weiß, rosa überlaufen. Viele Staubblätter, gelb. Fruchtstände weichhaarig. Toxisch!
◎ Blüte: Mai bis Juni.

◎ **BIOTOP**: von der subalpinen bis in die untere alpine Zone verbreitet. In Gebüschen, Hochstaudenfluren, auf Hangwiesen.
◎ Bis in 1.000 m Höhe beobachtet.

◎ **VERBREITUNG**: Skandinavien, Westrussland, Ost- und Nordostasien, Mitteleuropa.

Frühlings-Küchenschelle

Pulsatilla vernalis (L.) MILL.

Familie: Hahnenfußgewächse – Ranunculaceae

E. Spring Anemon N. Mogop S. Mosippa

◎ **BIOLOGIE**: Staude, 5–15 cm hoch. Rhizom kräftig. Spross kurz. Blätter grundständig, 2–3fach gefiedert, grün, überwintern. Blütenstiel mit 3 scheidig verwachsenen, stark zerschlissenen Hochblättern. Blüten außen violett, innen gelblichweiß. Viele dottergelbe Staubblätter. Pflanze stark bronzefarbig behaart. Fruchtstände mit schopfähnlichem Aussehen (Teufelsbart). Kalk meidend. Toxisch!
◎ Blüte: Mai bis Juli.

◎ **BIOTOP**: von der subalpinen bis in die mittlere alpine Zone verbreitet. Lichte Birkenwälder, auf Magerrasen, in Heiden, auf Schneeböden.
◎ Bis in 1.600 m Höhe beobachtet.

◎ **VERBREITUNG**: Skandinavien, Mitteleuropa.

Platanen-Hahnenfuß

Ranunculus platanifolius L.

Familie: Hahnenfußgewächse – Ranunculaceae

E. White Buttercup N. Kvitsoleie S. Vitsippsranunkel

◎ **BIOLOGIE**: Staude, 50–120 cm hoch. Grundständige Blätter lang gestielt. Blattspreite fast bis zum Grunde handförmig geteilt, 3–5lappig. Spreitenlappen breitlanzettlich, Spitzen gebuchtet, grün-hellgrün. Obere Blätter kleiner, schmallanzettlich, meist mit glattem Rand. Blüten einzeln an den Stängelspitzen. Kelchblätter 5, violett. Kronblätter 5, weiß. Viele Staubblätter, gelb, zahlreiche Fruchtblätter. Kalk meidend.
◎ Blüte: Juli bis August.

◎ **BIOTOP**: von der subalpinen bis in die mittlere alpine Zone verbreitet. An Birkenwaldrändern, in Hochstaudenfluren, an sonnigen Hanglagen.
◎ Bis in 1.200 m Höhe beobachtet.

◎ **VERBREITUNG**: Skandinavien, nördliches Nordamerika, nördliches Asien, Mitteleuropa.

Gletscher-Hahnenfuß

Ranunculus glacialis L.

Familie: Hahnenfußgewächse – Ranunculaceae

E. Glacier Buttercup N. Issoleie S. Isranunkel

◎ **BIOLOGIE**: Staude, 10–15 cm hoch. Rhizom mit tief wachsender Wurzel. Stängel und Blätter fleischig. Blattspreite handförmig geteilt. Lappen breitlanzettlich, grün, glänzend. Blüten einzeln, endständig. Kelchblätter 5, rotbraun, bis zur Fruchtreife zottig behaart. Kronblätter 5, weiß, später rotviolett, mit schwefelgelben Staubblättern. Entwicklung bis zur blühenden Pflanze über mehrere Jahre. Kalk meidend. Streng geschützt!
◎ Blüte: Juli bis August.

◎ **BIOTOP**: von der mittleren alpinen bis in die obere alpine Zone verbreitet. Auf Schneeböden, zwischen Geröll- und Felsschutt.
◎ Bis in 2.050 m Höhe beobachtet. Höhenrekordler der Blütenpflanzen im Fjäll.

◎ **VERBREITUNG**: Skandinavien, Island, Shetland-Inseln, Svalbard, nördliches Nordamerika, nördliches Asien, Mitteleuropa.

Kriechender Hahnenfuß

Familie: Hahnenfußgewächse – Ranunculaceae

Ranunculus repens L.

E. Creeping Buttercup N. Krypsoleie S. Revsmörblomma

◎ **BIOLOGIE**: Staude, 10–20 cm hoch. Rhizom mit kriechenden Ausläufern, sich bewurzelnd. Blattstängel lang, aufrecht. Blattspreite handförmig 3geteilt, grün, matt glänzend. Spreitenrand buchtig, gesägt. Blütenstiele in den Achseln der 3lappigen, lanzettlichen Tragblätter. Blüten einzeln, endständig. Kelchblätter 5, eiförmig, grün, behaart. Kronblätter 5, dottergelb, viele Staubblätter. Toxisch!
◎ Blüte: Juli bis August.

◎ **BIOTOP**: vom Tiefland bis in die untere alpine Zone verbreitet. Auf feucht-nassen Böden, unter Gebüsch, in Hochstaudenfluren.
◎ Bis in 850 m Höhe beobachtet.

◎ **VERBREITUNG**: Skandinavien, Island, Shetland-Inseln, nördliches Asien, Mitteleuropa.

Scharfer Hahnenfuß

Ranunculus acris L.

Familie: Hahnenfußgewächse – Ranunculaceae

E. Meadow Buttercup N. Engsoleie S. Vanlig Smörblomma

◎ **BIOLOGIE**: Staude, 20–100 cm hoch. Blätter an langen, aufrechten Stängeln. Blattspreite handförmig, 3–5teilig, spitz auslaufend, grün. Spreitenrand gesägt. Blütenstiele in den Achseln der 3lappigen, lanzettlichen Tragblätter. Blüten einzeln, endständig. Kelchblätter 5, eiförmig, grün. Kronblätter 5, eiförmig, gold glänzend. Viele Staubblätter. Pflanze anliegend behaart. Toxisch!
◎ Blüte: Juli bis September.

◎ **BIOTOP**: vom Tiefland bis in die untere alpine Zone verbreitet. Auf feuchten Wiesen, zwischen Gebüsch, in Birkenwäldern, in Hochstaudenfluren.
◎ Bis in 900 m Höhe beobachtet.

◎ **VERBREITUNG**: Skandinavien, Island, Shetland-Inseln, Grönland, nördliches Nordamerika, Mitteleuropa.

Zwerg-Hahnenfuß

Ranunculus pygmaeus WAHLENB.

Familie: Hahnenfußgewächse – Ranunculaceae

E. Pygmy Buttercup N. Dvergsoleie S. Dvärgranunkel

◎ **BIOLOGIE**: Staude, 5–8 cm hoch. Blattstiele lang, fast liegend, bleichgrün, behaart. Blattspreite klein, handförmig, 3lappig geteilt, hellgrün. Blüten einzeln, endständig, Blütenstiel rotbraun. Kelchblätter 5, eiförmig, hellgelb. Große, kegelförmige Samenanlage. Blütenstiele nach der Blüte bis zu 20 cm lang (Samenverbreitung).

◎ Blüte: Juli bis August.

◎ **BIOTOP**: von der unteren alpinen bis in die mittlere alpine Zone verbreitet. Auf feuchten, kiesigen Flächen, an Wegrändern, auf Schneeböden.

◎ Bis in 1.500 m Höhe beobachtet.

◎ **VERBREITUNG**: Skandinavien, Island, Svalbard, nördliches Nordamerika, nördliches Asien.

Bergranunkel

Ranunculus nivalis L.

Familie: Hahnenfußgewächse – Ranunculaceae

E. Snow Buttercup N. Snøsoleie S. Fjällsmörblomma

◎ **BIOLOGIE**: Staude, 5–15 cm hoch. Grundständige Blätter handförmig, breit 3lappig, grün, glänzend. Blütenstängel aufrecht, grün-rotbraun, auf halber Länge mit 3lappigen, sitzenden Blättern. Blüten einzeln, endständig. Kelchblätter 5, eiförmig, grün-rotbraun. Kronblätter 5, breit eiförmig, schwefelgelb. Große, kegelförmige Samenanlage, Staubblätter hellgelb. Nüsschen kahl. Kalkhold.
◎ Blüte: Juli bis August.

◎ **BIOTOP**: in der mittleren alpinen Zone verbreitet. Auf nassen, kiesigen Flächen, auf Schneeböden, an Bachrändern.
◎ Bis in 1.400 m Höhe beobachtet.

◎ **VERBREITUNG**: Skandinavien, Svalbard, Grönland, nördliches Nordamerika.

Schwefelgelber Hahnenfuß

Ranunculus sulphureus Sol. ex C. J. Phipps

Familie: Hahnenfußgewächse – Ranunculaceae

E. Sulphur Buttercup N. Polarsoleie S. Polarsmörblomma

◎ **BIOLOGIE**: Staude, 5–20 cm hoch. Ähnelt dem Bergranunkel, ist gröber und fleischiger. Grundständige Blätter breit, handförmig, 3lappig, hellgrün. Blütenstängel aufrecht, grün-rotbraun, mit 3zähligem Blatt, tief geteilt, hellgrün. Blüten einzeln, endständig. Kelchblätter 5, eiförmig, grün-rotbraun. Kronblätter 5, breit eiförmig, schwefelgelb. Große kegelförmige Samenanlage, Staubblätter gelb. Nüsschen mit braunen Härchen.
◎ Blüte: Juli bis August.

◎ **BIOTOP**: von der unteren alpinen bis in die mittlere alpine Zone verbreitet. Auf nassen, kiesigen Flächen, an Abbruchkanten, auf Schneeböden.
◎ Bis in 1.050 m Höhe beobachtet.

◎ **VERBREITUNG**: Skandinavien, Svalbard, nördliches Nordamerika.

Arktischer Mohn

Papaver radicatum ROTTB.

Familie: Mohngewächse – Papaveraceae

E. Arctic Poppy N. Fjellvalmue S. Fjällvallmo

◎ **BIOLOGIE**: Staude, 10–20 cm hoch. Blätter rosettig angeordnet. Blattstiel kurz, mit fiederspaltiger Spreite. Stiel und Blattspreite blaugrün, steif behaart. Kelchblätter 3, blaugrün. Kronblätter 6–8, hell schwefelgelb, verblassend. Pflanze mit gelbem Milchsaft. Es sind in Skandinavien mehrere Unterarten bekannt. Toxisch!
◎ Blüte: Juli bis August.

◎ **BIOTOP**: von der unteren alpinen bis an die obere alpine Zone verbreitet. Auf kalkhaltigem Stein- und Kiesschutt, an Bachläufen.
◎ Bis in 1.700 m Höhe beobachtet.

◎ **VERBREITUNG**: Skandinavien, Island, Shetland-Inseln, nördliches Nordamerika, nördliches Asien.

Echte Rosenwurz

Rhodolia rosea L.

Familie: Dickblattgewächse – Crassulaceae

E. Rose-root N. Rosenrot S. Rosenrot

◎ **BIOLOGIE**: Staude, 10–30 cm hoch. Rhizom knollig, verzweigt. Stängel aufrecht, bogig, kräftig. Blätter groß, wechselständig. Blattspreite breitlanzettlich, fleischig, blaugrün, Spitzen rotbraun. Spreitenrand schwach gesägt. Blüten in einer Trugdolde, endständig. Kelchblätter 4, lanzettlich, gelb. Kronblätter 4, lanzettlich, spitz auslaufend, gelb. Viele lange Staubblätter, gelb-rot. Pflanze ist zweihäusig. Kalk meidend.
◎ Blüte: Juni bis Juli.

◎ **BIOTOP**: von der subalpinen bis in die obere alpine Zone verbreitet. An Bachrändern, auf feuchten Wiesen, an quelligen Hängen und Moorrändern, in Felsspalten.
◎ Bis in 1.600 m Höhe beobachtet.

◎ **VERBREITUNG**: Skandinavien, Island, Shetland-Inseln, nördliches Nordamerika, nördliches Asien, Mitteleuropa.

Weiße Fetthenne

Sedum album L.

Familie: Dickblattgewächse – Crassulaceae

E. White Stonecrop N. Hvitbergknapp S. Vit fetknopp

◎ **BIOLOGIE**: Staude, 5–20 cm hoch. Spross kriechend bis aufrecht, sehr dünn, 2–3 mm im Durchmesser. Rund, hellbräunlich, aufrechte Abschnitte hellgrün. Laubblätter 05–1,5 cm lang, oval-rund, dickfleischig. Wechselständig angeordnet. Farbe je nach Standort graugrün-rotbraun. Blüten in einer Rispe. Kelchblätter 5, verwachsen, grün. Kronblätter 2–4 mm lang, weiß-rosa. Viele Staubblätter. Die Staude ist immergrün und Rasen bildend.
◎ Blüte: Juni bis August.

◎ **BIOTOP**: von der subalpinen bis in die obere alpine Zone verbreitet. Auf kiesigen Ruderalplätzen, in Feinschutt, Felsspalten.
◎ Bis in 1.200 m Höhe beobachtet.
◎ **VERBREITUNG**: Skandinavien, nördliches Nordamerika, nördliches Asien, Mitteleuropa.

Einjährige Fetthenne

Sedum annuum L.

Familie: Dickblattgewächse – Crassulaceae

E. Annual Stonecrop N. Småbergknapp S. Liten fetknopp

◎ **BIOLOGIE**: Pflanze einjährig, 5–10 cm hoch. Mehrere, aufgebogene, fleischige Stängel, grüngelb, rötlich überlaufen. Blätter lanzettlich-zylindrisch, dickfleischig, gegenständig. Blattspreite 2–4 mm lang wie breit, grün-gelbrot, glänzend. Blüten an den Triebspitzen. Kelchblätter 5, lanzettlich, klein, gelbgrün, partiell rotbraun überlaufen. Kronblätter 5, lanzettlich, gelb. Viele Staub- und Fruchtblätter. Kalk meidend.
◎ Blüte: Juli bis August.

◎ **BIOTOP**: von der unteren alpinen bis in die mittlere alpine Zone verbreitet. Auf kiesigen, nährstoffarmen Böden, Schwemmsand, in Felsspalten.
◎ Bis in 1.400 m Höhe beobachtet.

◎ **VERBREITUNG**: Skandinavien, Island, Grönland, nördliches Asien, Mitteleuropa.

Scharfer Mauerpfeffer

Sedum acre L.

Familie: Dickblattgewächse – Crassulaceae

E. Sharp Stonecrop N. Bitterbergknapp S. Gul fetknopp

◎ **BIOLOGIE**: Staude, 3–15 cm hoch. Stängel teilweise unterirdisch kriechend. Aufrechte Triebe dicht beblättert. Laubblätter fleischig, eiförmig, an der Basis abgerunde. Gelbgrün, scharf schmeckend. Blüten einzeln bis viele, dicht gedrängt auf traubigem Blütenstand. Blüten 1–1,5 cm im Durchmesser. 5 hellgelbe Blütenblätter, 5–7 mm lang. Viele Staubblätter. Die Staude ist immergrün.
◎ Blüte: Juni bis August.

◎ **BIOTOP**: von der subalpinen bis in die obere alpine Zone verbreitet. Auf feinkiesigen Flächen, in Felsspalten und Geröll.
◎ Bis in 2.000 m Höhe beobachtet.

◎ **VERBREITUNG**: Skandinavien, Island, nördliches Nordamerika, nördliches Asien, Mitteleuropa.

Wechselblättriges Milzkraut

Chrysosplenium alternifolium L.

Familie: Steinbrechgewächse – Saxifragaceae

E. Alternate-leaved Golden Saxifrage N. Vanlig Maigull S. Gullpudra

◎ **BIOLOGIE**: Staude, 5–20 cm hoch. Stängel 3kantig, aufrecht, meist mit 2 wechselständigen Blättern. Grundblätter in einer Rosette. Spreitenumriss rundlich-nierenförmig. Blattbasis tief herzförmig eingebuchtet. Spreitenrand rundlich, gekerbt. In den Grundblatt-ähnlichen Tragblättern kurz gestielte Blüten, 5–6 mm im Durchmesser. Meist 8–20 Blüten ausgebildet, gelblich. 4 breit eiförmige Kelchblätter bilden die Blütenhülle.
◎ Blüte: März bis Mai.

◎ **BIOTOP**: vom Tiefland bis in die untere alpine Zone verbreitet. Wächst auf feuchten-quelligen Böden, in Hochstaudenfluren, in krautreichen Schluchten.
◎ Bis in 900 m Höhe beobachtet.

◎ **VERBREITUNG**: Skandinavien, Mitteleuropa.

Roter Steinbrech

Saxifraga oppositifolia L.

Familie: Steinbrechgewächse – Saxifragaceae

E. Purple Saxifrage N. Raudsildre S. Purpurbräcka

◎ **BIOLOGIE**: Staude, 4–8 cm hoch. Stängel kriechend, lang, rotbraun, Polster bildend. Blätter gegenständig, dicht gedrängt, grün-dunkelgrün. Blattspreite verkehrt eiförmig, Spitze mit 3–5 Grübchen (Lupe). Spreitenrand teilweise behaart. Blüten einzeln, endständig. Kelchblätter 5, lanzettlich, Basis verwachsen, behaart, grün. Kronblätter 5, elliptisch, violett, später bläulich. Staubblätter 10, Fruchtblatt 1, alle dunkelviolett. Angenehm duftend.
◎ Blüte: Juni bis August.

◎ **BIOTOP**: von der subalpinen bis in die mittlere alpine Zone verbreitet. Auf feuchten, steinigen Böden, in Felsspalten, Felsschutt, an Bachrändern, an quelligen Hängen.
◎ Bis in 1.400 m Höhe beobachtet.

◎ **VERBREITUNG**: Skandinavien, Island, Shetland-Inseln, Svalbard, nördliches Nordamerika, Mitteleuropa.

Fetthennen-Steinbrech

Saxifraga aizoides L.

Familie: Steinbrechgewächse – Saxifragaceae

E. Yellow Mountain-Saxifrage N. Gulsildre S. Gullbräcka

◎ **BIOLOGIE**: Staude, 3–12 cm hoch. Stängel gebogen, Polster bildend. Blätter lanzettlich, fleischig, hellgrün-grün. Spreitenrand mit wenigen Härchen. Blätter an blütenlosen Stängeln, engstehend. Blüten tragende Stängel länger, mit sitzenden, lanzettlichen Blättern in größeren Abständen. Lang gestielte Blüten. Kelchblätter 5, elliptisch, Basis verwachsen, hellgrün. Kronblätter 5, lanzettlich, gelb, alternd orange-rotbraun. Staubblätter 10, gelb-braun, länger als Kronblätter. Fruchtblatt 1. Samenanlage rotbraun. Kalkhold.
◎ Blüte: Juli bis August.

◎ **BIOTOP**: von der subalpinen bis in die mittlere alpine Zone verbreitet. Auf nassen-quelligen Schotterflächen, an Bachrändern.
◎ Bis in 1.200 m Höhe beobachtet.

◎ **VERBREITUNG**: Skandinavien, Island, Grönland, nördliches Nordamerika, Mitteleuropa.

Stern-Steinbrech

Saxifraga stellaris L.

Familie: Steinbrechgewächse – Saxifragaceae

E. Starry Saxifrage N. Stjernesildre S. Stjärnbräcka

◎ **BIOLOGIE**: Staude, 5–10 cm hoch. Stängel kurz, Blätter in einer Rosette angeordnet. Blattspreite spatelig, fleischig, grün-hellgrün. Spreitenrand vorn gesägt. Blütenstängel aufrecht, rotbraun. Blüten traubig angeordnet, Blütenstielbasis mit lanzettlichem Blättchen. Kelchblätter 5, lanzettlich, grün, zurückgeschlagen. Kronblätter 5, lanzettlich, weiß, mit 2 gelben Flecken. Staubblätter 10, weiß-gelb. Fruchtblatt 1. Samenanlage rotbraun.
◎ Blüte: Juni bis August.

◎ **BIOTOP**: von der subalpinen bis in die mittlere alpine Zone verbreitet. Auf quelligen Schotterflächen, Schneeböden, nassen Sedimentablagerungen.
◎ Bis in 1.300 m Höhe beobachtet.

◎ **VERBREITUNG**: Skandinavien, Island, Shetland-Inseln, Grönland, nördliches Nordamerika, Mitteleuropa.

Rasen-Steinbrech

Saxifraga rosacea MOENCH

Familie: Steinbrechgewächse – Saxifragaceae

E. Tufted Saxifrage N. Tuesildre S. Mattbräcka

◎ **BIOLOGIE**: Staude, 3–12 cm hoch. Grundblätter in lockerer Rosette. Blattspreite lang gestielt, fingerförmig, 3teilig. Spreite dick, weich, gelbgrün, drüsig behaart. Blütenstängel mit endständiger Blütentraube. Stängelblätter fingerförmig, 3teilig, herablaufend. Kelchblätter 5, lanzettlich, Basis verwachsen, grün, kurzhaarig. Kronblätter 5, elliptisch, weiß-cremefarbig, mit 3 grünen Adern. Staubblätter 10, gelbgrün, Fruchtblätter 2, gelbgrün.
◎ Blüte: Juli bis August.

◎ **BIOTOP**: von der subalpinen bis in die mittlere alpine Zone verbreitet. Auf Heideböden, an Felsüberhängen, in feuchtem Schotter.
◎ Bis in 1.400 m Höhe beobachtet.

◎ **VERBREITUNG**: Skandinavien, Island, Shetland-Inseln, nördliches Nordamerika, nördliches Asien, Mitteleuropa.

Aufsteigender Steinbrech

Saxifraga adscendens L.

Familie: Steinbrechgewächse – Saxifragaceae

E. Ascending Saxifrage N. Skoresildre S. Klippbräcka

◎ **BIOLOGIE**: Staude, 10–25 cm hoch. Stängel kurz, Blätter in einer Rosette angeordnet. Blattspreite spatelig, Vorderrand gesägt, rotbraun, drüsig behaart. Blütenstängel aufrecht verzweigt, Blüten einzeln, endständig. Kelchblätter 5, breitlanzettlich, Basis verwachsen, grün-hellgrün, kurzhaarig. Kronblätter 5, spatelig, gebuchteter Rand, weiß mit gelbem Fleck am Schlund. Pflanze riecht nach Kamille.

◎ Blüte: Juli bis August.

◎ **BIOTOP**: von der subalpinen bis in die mittlere alpine Zone verbreitet. Auf feuchten Schotterflächen, in Felsspalten, an Abbruchkanten.

◎ Bis in 1.100 m Höhe beobachtet.

◎ **VERBREITUNG**: Skandinavien, Grönland, nördliches Nordamerika.

Nickender Steinbrech

Saxifraga cernua L.

Familie: Steinbrechgewächse – Saxifragaceae

E. Drooping Saxifrage N. Knoppsildre S. Knoppbräcka

◎ **BIOLOGIE**: Staude, 10–25 cm hoch. Grundständige Blätter lang gestielt. Blattspreite fingerförmig, 5–7teilig, grün, kurzhaarig. Blütenstängel aufrecht, mit endständiger Blüte. Stängelblätter fingerförmig, 3–5teilig, herablaufend. In den Blattachseln rote Brutknospen (vegetative Reproduktion). Kelchblätter 5, lanzettlich, Basis verwachsen, grün, kurzhaarig. Kronblätter 5, spatelig, mit grüner Basis, weiß. Staubblätter 10, weiß-gelb.
◎ Blüte: Juli bis August.

◎ **BIOTOP**: von der subalpinen bis in die mittlere alpine Zone verbreitet. Auf feucht-nassen Böden, quelligen Wiesen, in Hochstaudenfluren, Felsspalten.
◎ Bis in 1.500 m Höhe beobachtet.

◎ **VERBREITUNG**: Skandinavien, Island, Svalbard, Grönland, nördliches Nordamerika.

Blattreicher Steinbrech

Saxifraga foliolosa R. BR.

Familie: Steinbrechgewächse – Saxifragaceae

E. Foliolose Saxifrage N. Grynsildre S. Groddbräcka

◎ **BIOLOGIE**: Staude, 5–8 cm hoch. Blätter in einer Rosette angeordnet. Blattspreite spatelförmig, grün. Spreitenrand glatt oder gesägt. Blütenstängel zierlich, wenig verzweigt, grün-rotbraun. Seitenzweige mit 4blättriger Rosette. Fleischige Spreite, grün, glänzend. Mitten in einer weißgrünen Brutknospe (vegetative Reproduktion). Wenige kleine Blüten, endständig. Kelchblätter 5, lanzettlich, rotbraun. Kronblätter 5, weiß. Blüten selten fertil.
◎ Blüte: Juli bis August.

◎ **BIOTOP**: von der unteren alpinen bis in die mittlere alpine Zone verbreitet. An schattigen, feuchten Plätzen, unter Felsüberhängen, in Schluchten, Felsspalten.
◎ Bis in 1.300 m Höhe beobachtet.

◎ **VERBREITUNG**: Skandinavien, Island, Svalbard.

Arktischer Steinbrech

Saxifraga nivalis L.

Familie: Steinbrechgewächse – Saxifragaceae

E. Alpine Saxifrage N. Snøsildre S. Fjällbräcka

◎ **BIOLOGIE**: Staude, 8–15 cm hoch. Blätter in einer Rosette angeordnet. Blattspreite elliptisch, dick, derb, grün, Unterseite rotbraun, kurzhaarig. Spreitenrand gesägt und wellig. Blütenstängel aufrecht, grün oder rotbraun, dicht behaart. Blüten doldig angeordnet. Kelchblätter 5, lanzettlich, grün-rotbraun. Kronblätter 5, elliptisch, klein, weiß, später rötlich überzogen. Staubblätter 10, kurz, grünlich. Fruchtblatt 1, grün, Samenanlage grün.
◎ Blüte: Juli bis August.

◎ **BIOTOP**: von der subalpinen bis in die mittlere alpine Zone verbreitet. Auf feuchten Schotterflächen, an Abrutschhängen, in Schneetälchen, in Felsspalten.
◎ Bis in 1.400 m Höhe beobachtet.

◎ **VERBREITUNG**: Skandinavien, Island, Shetland-Inseln.

Strauß-Steinbrech

Saxifraga cotyledon L.

Familie: Steinbrechgewächse – Saxifragaceae

E. Mountain Queen N. Bergfrue S. Fjällbrud

◎ **BIOLOGIE**: Staude, 15–35 cm hoch. Grundblätter in einer Rosette angeordnet. Blattspreite spatelig-lang eiförmig, dickfleischig, mit Kalkablagerungen, graugrün. Spreitenrand drüsig gezähnt. Spitzen aufgebogen. Blütenstängel grünrötlich, drüsenhaarig, mit ungestielten, grünen Blättchen. Blüten in einer lockeren, meist überhängenden Rispe. Kelchblätter 5, stumpf, lanzettlich, grün, drüsenhaarig. Kronblätter 5, spatelförmig, weiß. Staubblätter gelb. Kalkhold. Selten!
◎ Blüte: Juli bis August.

◎ **BIOTOP**: von der unteren alpinen bis in die mittlere alpine Zone verbreitet. Auf abschüssigen oder überhängenden Extremstandorten.
◎ Bis in 1.200 m Höhe beobachtet.

◎ **VERBREITUNG**: Skandinavien, Island.

Sumpf-Herzblatt

Parnassia palustris L.

Familie: Herzblattgewächse – Parnassiaceae

E. Grass of Parnassus N. Jåblom S. Slåtterblomma

◎ **BIOLOGIE**: Staude, 10–25 cm hoch. Grundblätter lang gestielt. Blattspreite herzförmig, ganzrandig, grün. Blütenstängel aufrecht, kantig, grün. Unteres Drittel mit herzförmigem, sitzendem Blatt, grün. Eine endständige Blüte. Kelchblätter 5, lanzettlich, grün. Kronblätter 5, elliptisch, weiß, mit bogig verlaufenden Nerven. Staubblätter 5, mit 5 Nektarien, gelb-grün. Kalkhold.
◎ Blüte: Juli bis August.

◎ **BIOTOP**: von der subalpinen bis in die untere alpine Zone verbreitet. Auf Moorböden, quelligen Wiesen, Schotterflächen, an Bach- und Seerändern.
◎ Bis in 1.200 m Höhe beobachtet.

◎ **VERBREITUNG**: Skandinavien, Island, nördliches Nordamerika, nördliches Asien, Mitteleuropa.

Wald-Sauerklee

Oxalis acetosella L.

Familie: Sauerkleegewächse – Oxalidaceae

E. Wood Sorrel N. Gaukesyre S. Harsyra

◎ **BIOLOGIE**: Staude, 5–10 cm hoch. Rhizom mit oberirdisch kriechenden Ausläufern, Knoten bewurzelt. Blattstiele lang, aufwärts gebogen, grün, Basis mit 2 schuppenförmigen Vorblättchen. Blattspreite handförmig, 3zählig, verkehrt herzförmig, grün-hellgrün. Blüten einzeln, endständig. Kelchblätter 5, lanzettlich, grün. Kronblätter 5, elliptisch, weiß, purpur geädert, mit gelbem, nagelförmigem Fleck. Staubblätter 10, weiß, Fruchtblätter 3–5. Toxisch!
◎ Blüte: Mai bis Juni.

◎ **BIOTOP**: vom Tiefland bis in die untere alpine Zone verbreitet. In krautreichen Fjäll-Birkenwäldern, unter Gebüsch, in Hochstaudenfluren.
◎ Bis in 900 m Höhe beobachtet.

◎ **VERBREITUNG**: Skandinavien, Island, Shetland-Inseln, nördliches Nordamerika, nördliches Asien, Mitteleuropa.

Netz-Weide

Salix reticulata L.

Familie: Weidengewächse – Salicaceae

E. Reticulate Willow N. Rynkevier S. Nätvide

◎ **BIOLOGIE**: Strauch, 3–8 cm hoch. Kriechend, zum Teil wurzelnd. Zweige gelbbraun, ältere dunkelbraun. Jahrestriebe rötlich, später verholzend und gelbbraun. Blätter 2–3 cm lang, elliptisch-rundlich, derb, grün, glänzend. Blattnerven oberseits vertieft, unterseits hervortretend, graugrün, seidig behaart. Kätzchen lang gestielt. Männliche Kätzchen 1,5–2 cm lang, braun. Weibliche Kätzchen 1–2 cm lang, purpur. Nach der Blüte verholzend, braun. Kalkhold.
◎ Blüte: Mai bis Juni.

◎ **BIOTOP**: von der subalpinen bis in die mittlere alpine Zone verbreitet. Auf feuchten Böden, Schneeböden, in Heiden, Mooren, Silberwurzgesellschaften.
◎ Bis in 1.400 m Höhe beobachtet.

◎ **VERBREITUNG**: Skandinavien, nördliches Nordamerika, nördliches Asien, Mitteleuropa.

Kraut-Weide

Salix herbacea L.

Familie: Weidengewächse – Salicaceae

E. Least Willow N. Musøre S. Dvärgvide

◎ **BIOLOGIE**: Zwergstrauch, 2–10 cm hoch. Mit verholztem, unterirdischem Stamm und Zweigen. Krautige Zweige aufrecht, später verholzend. Blätter 1–3 cm lang, rundlich, gelegentlich elliptisch, grün glänzend. Spreitenrand fein gesägt. Kätzchen erscheinen mit oder nach den Blättern. Männliche Kätzchen kugelig, purpur. Weibliche Kätzchen etwa 1 cm lang, rötlich, nach der Blüte verholzend, braun. Blätter im Herbst rot-rotbraun. Kalk meidend.
◎ Blüte: Mai bis Juni.

◎ **BIOTOP**: von der subalpinen bis in die obere alpine Zone verbreitet. Starke Verbreitung im Kahl-Fjäll, auf kiesigen Böden, Schneeböden, an Hanglagen, auf windexponierten Flächen.
◎ Bis in 2.000 m Höhe beobachtet.

◎ **VERBREITUNG**: Skandinavien, Island, Shetland-Inseln, Svalbard, nördliches Nordamerika, Mitteleuropa.

Spieß-Weide

Salix hastata L.

Familie: Weidengewächse – Salicaceae

E. Halberd Willow N. Bleikvier S. Fjällblekvide

◎ **BIOLOGIE**: Strauch, 50–100 cm hoch. Kriechend, mit bogig braunen Zweigen. Jahrestriebe grau, pelzig überzogen. Blätter spitz eiförmig, 3–5 cm lang. Oberseite grün, glänzend, Unterseite graugrün. Spreitenrand fein gesägt. Blattbasis mit 2 kleinen, eiförmigen Nebenblättchen, abfallend. Männliche Kätzchen 2–4 cm lang, gelbbraun. Weibliche Kätzchen 3–8 cm lang, grün, deutlich größer als die Blätter. Lange, weißgraue Behaarung. Nach der Blüte verholzend, braun. Kalkhold.
◎ Blüte: Mai bis Juni.

◎ **BIOTOP**: von der subalpinen bis in die untere alpine Zone verbreitet. In feuchten Birkenwäldern, an Moorrändern, an Bachufern.
◎ Bis in 1.200 m Höhe beobachtet.

◎ **VERBREITUNG**: Skandinavien, nördliches Nordamerika, Mitteleuropa.

Purpur-Weide

Salix purpurea L.

Familie: Weidengewächse – Salicaceae

E. Purple Willow N. Rødpil S. Rödvide

◎ **BIOLOGIE**: Strauch, 50–500 cm hoch. Wurzel weit ausgebreitet. Zweige stark verästelt, purpurrot oder braun-olivgrün. Blätter 6–12 cm lang, 10–15 cm breit. Blattspreite schmallanzettlich. An der Spitze fein gesägt. Oberseite dunkelgrün, Unterseite grau-blaugrün. Blätter wechselständig. Männliche Kätzchen 3–5 cm lang, im Durchmesser 8 mm, länglich-walzenförmig, schräg stehend, weißlich-purpur. Weibliche Kätzchen 1–2 cm lang, im Durchmesser 5 mm, unauffällig, purpur. Nach der Blüte verholzend, hellbraun. Kalkhold.

◎ Blüte: März bis Mai.

◎ **BIOTOP**: vom Tiefland bis in die untere alpine Zone verbreitet. Fließgewässer begleitend, an Ufern, Wegrändern, nassen Wiesen.

◎ Bis in 900 m Höhe beobachtet.

◎ **VERBREITUNG**: Skandinavien, nördliches Asien, Mitteleuropa.

Myrsine-Weide

Salix myrsinites L.

Familie: Weidengewächse – Salicaceae

E. Whortle-leaved Willow N. Myrtevier S. Glansvide

◎ **BIOLOGIE**: Strauch, 20–80 cm hoch. Teilweise kriechend. Zweige knorrig, dunkelbraun-schwärzlich, Jahrestriebe hellbraun, mit weißlicher Behaarung. Blätter elliptisch-eiförmig, 3–4 cm lang, hellgrün, glänzend. Spreitenrand drüsig gezähnt. Blätter überwintern am Strauch. Kätzchen erscheinen mit den neuen Blättern. Männliche Kätzchen 2–4 cm lang, purpurrot, violette Staubfäden. Weibliche Kätzchen 2–4 cm lang, grün. Kalkhold.
◎ Blüte: Mai bis Juni.

◎ **BIOTOP**: von der subalpinen bis in die untere alpine Zone verbreitet. Auf feuchten Böden, in Mooren, Zwerg-Birkengesellschaften, an Bachufern.
◎ Bis in 1.200 m Höhe beobachtet. Bevorzugt warme Lagen.

◎ **VERBREITUNG**: Skandinavien, nördliches Nordamerika, nördliches Asien.

Polar-Weide

Salix polaris WAHLENB.

Familie: Weidengewächse – Salicaceae

E. Polar Willow N. Polarvier S. Polarvide

◎ **BIOLOGIE**: Halbstrauch, 2–4 cm hoch. Zweige im Boden eingewachsen. Große, flächige Ausbreitung. Oberirdische Triebe kurz, hellbraun-braun. Blätter bis 8 mm lang, rundlich-breit eiförmig. Oberseite grün, stark glänzend, Unterseite heller, matt. Spreitenrand glatt-fein gesägt, immer mit kurzem Haarsaum. Blätter erscheinen mit den Kätzchen. Beide Geschlechter 3–4 mm lang, einzeln an den Triebspitzen, braun. Kalkhold. Selten!
◎ Blüte: Mai bis Juni.

◎ **BIOTOP**: von der unteren bis in die obere alpine Zone verbreitet. Auf Schneeböden, an Hanglagen, auf windexponierten Flächen.
◎ Bis in 1.900 m Höhe beobachtet.

◎ **VERBREITUNG**: Skandinavien, Grönland, Svalbard, nördliches Nordamerika.

Blaugrüne Weide

Salix glauca L.

Familie: Weidengewächse – Salicaceae

E. Northern Willow N. Sølvvier S. Ripvide

◎ **BIOLOGIE**: Strauch, 80–170 cm hoch. Aufrecht, knorrige, dunkelbraune Zweige. Jahrestriebe rotbraun, weißlich behaart. Blätter breitlanzettlich, 3–4 cm lang, hell graugrün, silbriger Überzug. Blätter und Kätzchen erscheinen gleichzeitig. Männliche Kätzchen 1–2 cm lang, braun. Weibliche Kätzchen 4–6 cm lang, grün, deutlich länger als die Blätter. Sitzen auf langen, beblätterten Stielen. Fruchtend mit starker Wollbildung. Kalkhold.
◎ Blüte: Mai bis Juni.

◎ **BIOTOP**: von der subalpinen bis in die mittlere alpine Zone verbreitet. An Moorrändern, Birkenwaldrändern, feuchten Hängen, in Hochstaudenfluren. Oft undurchdringliches Gebüsch bildend.
◎ Bis in 1.200 m Höhe beobachtet.

◎ **VERBREITUNG**: Skandinavien, nördliches Nordamerika.

Woll-Weide

Salix lanata L.

Familie: Weidengewächse – Salicaceae

E. Woolly Willow N. Ullvier S. Ullvide

◎ **BIOLOGIE**: Strauch, 80–160 cm hoch. Aufrecht, Zweige knorrig, dunkelbraun. Jahrestriebe bläulich-grün, weiß behaart. Blätter breit eiförmig, 5–6 cm lang, bläulich-grün, mit weißlich pelzigem Überzug. Blätter und Kätzchen erscheinen gleichzeitig. Kätzchen an den Triebspitzen. Männliche Kätzchen 1–2 cm lang, gelblich. Weibliche Kätzchen 4–6 cm lang, grün. Fruchtend stark Wolle bildend. Kalkhold.

◎ Blüte: Mai bis Juni.

◎ **BIOTOP**: von der subalpinen bis an die mittlere alpine Zone verbreitet. An feuchten Hängen, Birkenwaldrändern, Bachufern.

◎ Bis in 1.400 m Höhe beobachtet.

◎ **VERBREITUNG**: Skandinavien, Island, nördliches Asien.

Myrthenblättrige Weide

Salix phylicifolia L.

Familie: Weidengewächse – Salicaceae

E. Tea-leaved Willow N. Grønnvier S. Grönvide

◎ **BIOLOGIE**: Strauch, 80–180 cm hoch. Aufrecht, Zweige dunkelbraun bis rotbraun. Blätter langoval, 4–5 cm lang. Oberseite grün, matt glänzend, Unterseite graugrün, mit Wachsüberzug. Spreitenrand schwach gekerbt. Blätter erscheinen nach den Kätzchen. Männliche und weibliche Kätzchen 1–3 cm lang, gelbgrün. Weibliche Kätzchen nach der Blüte verholzend.
◎ Blüte: Mai bis Juni.

◎ **BIOTOP**: von der subalpinen bis in die untere alpine Zone verbreitet. An Moorrändern, auf quelligen Wiesen, an Hang- und Bachrändern. Im Frühjahr ein wichtiges Futter für die Rene.
◎ Bis in 1.200 m Höhe beobachtet.

◎ **VERBREITUNG**: Skandinavien, Island, Shetland-Inseln, nördliches Asien.

Lappland-Weide

Salix lapponum L.

Familie: Weidengewächse – Salicaceae

E. Lapland Willow N. Lappvier S. Lappvide

◎ **BIOLOGIE**: Strauch, 80–120 cm hoch. Zweige dunkel-schwarzbraun. Jahrestriebe braun. Blätter breitlanzettlich-langoval, 3–5 cm lang, silber-weißlich, pelzig behaart. Spreitenrand gerollt. Blätter erscheinen nach den Kätzchen. Männliche Kätzchen 2–3 cm lang, an kurzen Stielen, gelbgrün. Weibliche Kätzchen 3–6 cm lang, grün.
◎ Blüte: Mai bis Juni.

◎ **BIOTOP**: von der subalpinen bis in die mittlere alpine Zone verbreitet. An Bachufern, Hohlformen, Birkenwaldrändern, auf Wiesen. Gebüsch bildend.
◎ Bis in 1.300 m Höhe beobachtet.

◎ **VERBREITUNG**: Skandinavien, lokal Nordostpolen.

Zweiblütiges Veilchen

Viola biflora L.

Familie: Veilchengewächse – Violaceae

E. Two-flowered Violet N. Fjellfiol S. Fjällviol

◎ **BIOLOGIE**: Staude, 5–12 cm hoch. Stängel aufrecht bis gebogen, grün. Blätter nierenförmig, schwach gesägt, grün, glänzend. Oberseite gering behaart, Unterseite die Aderwinkel behaart. Blüten stehen einzeln, zu zweit, selten zu dritt. Kelchblätter 5, lanzettlich, grün, Rand behaart. Kronblätter 5, gelb, seitlich aufgerichtet, unteres Blütenblatt am breitesten, mit braunen Streifen. Sporn gestreckt, gelb.
◎ Blüte: Juni bis August.

◎ **BIOTOP**: von der subalpinen bis in die mittlere alpine Zone verbreitet. In Birkenwäldern, zwischen Weidengebüsch, in Hochstaudenfluren, gelegentlich auf Schneeböden.
◎ Bis in 1.500 m Höhe beobachtet.

◎ **VERBREITUNG**: Skandinavien, nördliches Nordamerika, nördliches Asien, Mitteleuropa.

Gewöhnlicher Hornklee

Lotus corniculatus L.

Familie: Hülsenfruchtgewächse – Fabaceae

E. Birdsfoot Trefoil N. Vanlig tiriltunge S. Käringtand

◎ **BIOLOGIE**: Staude, 10–18 cm hoch. Wurzel kräftig, tiefwachsend. Stängel aufrecht, 4kantig, grün. Blattstiel lang, Spreite 3zählig, elliptische Blättchen, grün, Unterseite blaugrün. Basis der Blütenstängel mit 2 elliptischen Nebenblättern. Blüten in endständigen Köpfchen. Kelchblätter 5, Basis verwachsen, spitz auslaufend, grün. Kronblätter als Fahne, Flügel und Schiffchen ausgebildet, gelb, vor dem Aufblühen rot überlaufen. Basenhold.
◎ Blüte: Juli bis August.

◎ **BIOTOP**: vom Tiefland bis in die untere alpine Zone verbreitet. Auf Trockenrasen, an Abbruchkanten, in Hochstaudenfluren, unter Gebüsch.
◎ Bis in 1.200 m Höhe beobachtet.

◎ **VERBREITUNG**: Skandinavien, Shetland-Inseln, Asien, Mitteleuropa.

Lappland-Spitzkiel

Oxytropis lapponica (WAHLENB.) GAY

Familie: Hülsenfruchtgewächse – Fabaceae

E. Lapland Oxytropis N. Reinmjelt S. Lappvedel

◎ **BIOLOGIE**: Staude, 5–15 cm hoch. Stängel liegend-aufrecht. Blätter unpaarig gefiedert. Fiedern lanzettlich, spitz auslaufend, behaart, graugrün, pelzig erscheinend. Blattbasis in Bodennähe mit 2 eiförmigen Nebenblättern, teilweise verwachsen. Blütenstängel lang, kantig, hellgrün-graupelzig. Blüten in endständiger Traube. Blütenkelch schwarzhaarig. Kronblätter als Fahne, Flügel und Schiffchen ausgebildet, rotviolett, verblassend. Kalkhold.
◎ Blüte: Juli bis August.

◎ **BIOTOP**: von der subalpinen bis in die mittlere alpine Zone verbreitet. An Gebüschrändern, auf Wiesen, in Heiden, an Abbruchkanten.
◎ Bis in 1.300 m Höhe beobachtet.

◎ **VERBREITUNG**: Skandinavien, nördliches Asien.

Gletscher-Tragant

Astragalus frigidus (L.) A. GRAY

Familie: Hülsenfruchtgewächse – Fabaceae

E. Arctic Milk-vetch | N. Gulmjelt | S. Isvedel

◎ **BIOLOGIE**: Staude, 10–25 cm hoch. Stängel aufrecht, verzweigt, grün-rotbraun. Untere Blätter eiförmig, sitzend, grüngrau. Obere Blätter unpaarig gefiedert. Fiedern eiförmig, grün, Unterseite blaugrün. Blattnerven gelb, kurzhaarig. Blattstielbasis mit 2 Nebenblättern. Blüten in endständiger Traube. Blütenstiele und Kelchblätter schwarz behaart. Kelchblätter verwachsen, grün-rotbraun, gelb werdend. Kronblätter als Fahne, Flügel und Schiffchen ausgebildet, hellgelb-weißgelb. Kalkhold.
◎ Blüte: Juli bis August.

◎ **BIOTOP**: von der subalpinen bis in die mittlere alpine Zone verbreitet. An Gebüschrändern, auf Wiesen, Schotterflächen, an Abrutschhängen, zwischen Geröll.
◎ Bis in 1.400 m Höhe beobachtet.

◎ **VERBREITUNG**: Skandinavien, nördliches Asien, Mitteleuropa.

Alpen-Tragant

Astragalus alpinus L.

Familie: Hülsenfruchtgewächse – Fabaceae

E. Alpine Milk-vetch N. Setermjelt S. Ljus fjällvedel

◎ **BIOLOGIE**: Staude, 10–15 cm hoch. Stängel aufrecht-kriechend, grün-braun. Blätter unpaarig gefiedert. Fiedern elliptisch, grün, kurzhaarig. Blattstielbasis mit 2 lanzettlichen Nebenblättern. Blüten in endständiger Traube. Blütenstiel und Kelchblätter schwarz behaart. Kronblätter als Fahne, Flügel und Schiffchen ausgebildet, violett-weiß. Angenehm duftend.
◎ Blüte: Juli bis August.

◎ **BIOTOP**: von der subalpinen bis in die mittlere alpine Zone verbreitet. Auf Magerrasen, an Schotterrändern, auf windexponierten Plätzen.
◎ Bis in 1.400 m Höhe beobachtet.

◎ **VERBREITUNG**: Skandinavien, nördliches Nordamerika, Mitteleuropa.

Norwegischer Tragant

Astragalus norvegicus GRAUER

Familie: Hülsenfruchtgewächse – Fabaceae

E. Norwegian Milk-vetch N. Blåmjelt S. Vippvedel

◎ **BIOLOGIE**: Staude, 10–30 cm hoch. Stängel aufrecht, verzweigt, grün, obere Abschnitte violett überlaufen. Blätter unpaarig gefiedert. Fiedern lanzettlich-eiförmig, spitz, grün, Unterseite graugrün. Spreitenrand und Unterseite behaart. Blattstielbasis mit 2 spitz eiförmigen Nebenblättern. Blütenstängel lang, violett überlaufen, schwarz behaart. Blüten in endständiger Traube. Kelchblätter grün, schwarzhaarig. Kronblätter als Fahne, Flügel und Schiffchen ausgebildet, blau, rotviolett-helllila. Kalkhold.
◎ Blüte: Juli bis August.

◎ **BIOTOP**: von der subalpinen bis in die mittlere alpine Zone verbreitet. An Gebüschrändern, auf Wiesen, in Heiden, in Hochstaudenfluren.
◎ Bis in 1.200 m Höhe beobachtet.

◎ **VERBREITUNG**: Skandinavien, nördliches Asien.

Weiß-Klee

Trifolium repens L.

Familie: Hülsenfruchtgewächse – Fabaceae

E. White Clover N. Kvitkløver S. Vitklöver

◎ **BIOLOGIE**: Staude, 10–15 cm hoch. Stängel kriechend, Wurzel bildend, grün. Blätter lang gestielt, aufrecht. Blattspreite 3zählig, verkehrt eiförmig. Spreitenrand fein gesägt, hellgrünes, symmetrisches Band auf grünem Grund. Blütenstängel lang, ein endständiges Köpfchen (Sammelblüte). Kelchblätter 5, lanzettlich, verwachsen, spitz auslaufend, grün. Kronblätter als Fahne, Flügel und Schiffchen ausgebildet, weiß-hellrosa. Staubblätter 10.
◎ Blüte: Juli bis August.

◎ **BIOTOP**: vom Tiefland bis in die untere alpine Zone verbreitet. Im Fjäll an Wegrändern, auf Wiesen, in Hochstaudenfluren, gelegentlich feuchtem Schotter.
◎ Bis in 1.100 m Höhe beobachtet.

◎ **VERBREITUNG**: Skandinavien, Island, Shetland-Inseln, nördliches Asien, Mitteleuropa.

Rot-Klee

Trifolium pratense L.

Familie: Hülsenfruchtgewächse – Fabaceae

E. Red Clover N. Raudkløver S. Rödklöver

◎ **BIOLOGIE**: Staude, 10–15 cm hoch. Stängel aufrecht, lang, verzweigt, grün-fleischfarbig. Blätter lang gestielt, Blattspreite 3zählig, eiförmig, grün. Spreitenrand fein gesägt, behaart. Blütenstängel lang, ein endständiges Köpfchen (Sammelblüte). Kelchblätter 5, verwachsen, spitz auslaufend, grün, mit Längsadern. Kronblätter als Fahne, Flügel und Schiffchen ausgebildet, karmin-fleischrot. Staubblätter 10. Stark duftend.
◎ Blüte: Juli bis August.

◎ **BIOTOP**: vom Tiefland bis in die untere alpine Zone verbreitet. Im Fjäll auf Wiesen, an Wegrändern, in Hochstaudenfluren, auf Trockenrasen.
◎ Bis in 900 m Höhe beobachtet.

◎ **VERBREITUNG**: Skandinavien, Island, Shetland-Inseln, Mitteleuropa.

Vogel-Wicke

Vicia cracca L.

Familie: Hülsenfruchtgewächse – Fabaceae

E. Bird Vetch N. Fuglevikke S. Kråkvicker

◎ **BIOLOGIE**: Staude, 20–80 cm hoch. Spross einfach oder verzweigt, meistens kletternd, grün. Blätter paarig gefiedert. Fiedern länglich. Blätter an der Basis mit Nebenblättern. Blattspitze fadenförmig, windend. Blütenstiele in den Blattachseln, bis 8 cm lang. Blüten in einer Traube, einseitswendig. 12–40 Einzelblüten, kurz gestielt. Einzelblüte 8–12 mm lang, violett-purpur.
◎ Blüte: Juni bis August.

◎ **BIOTOP**: vom Tiefland bis in die mittlere alpine Zone verbreitet. Auf Wiesen, unter Gebüsch, in Hochstaudenfluren.
◎ Bis in 1.100 m Höhe beobachtet.

◎ **VERBREITUNG**: Skandinavien, Island, Shetland-Inseln, Mitteleuropa.

Silberwurz

Dryas octopetala L.

Familie: Rosengewächse – Rosaceae

E. Mountain Avens N. Reinrose S. Fjällsippa

◎ **BIOLOGIE**: Halbstrauch, 2–10 cm hoch. Rhizom kräftig, kriechend. Zweige verholzt. Blätter kurz gestielt, breitlanzettlich, mit tiefliegenden Blattnerven. Blattspreite dunkelgrün, glänzend, Unterseite weißfilzig behaart. Spreitenrand gesägt. Blütenstiele lang, stehen einzeln in den Blattachseln, weißgrau behaart. Kelchblätter 7–12, lanzettlich, grün, dunkelbraun behaart. Kronblätter 7–10, verkehrt eiförmig, weiß. Staub- und Fruchtblätter gelb. Blüten zum Teil eingeschlechtig. Kalkhold. Pflanze ist immergrün.
◎ Blüte: Juli bis August.

◎ **BIOTOP**: von der subalpinen bis an die obere alpine Zone verbreitet. Auf Heideflächen, in feinem Schotter, an Abrutschhängen, auf windexponierten, im Winter schneefreien Flächen.
◎ Bis in 1.800 m Höhe beobachtet.

◎ **VERBREITUNG**: Skandinavien, Island, Svalbard, Shetland-Inseln, nördliches Nordamerika, Mitteleuropa.

Echtes Mädesüß

Filipendula ulmaria (L.) MAXIM.

Familie: Rosengewächse – Rosaceae

E. Meadowsweet N. Mjødurt S. Älggräs

◎ **BIOLOGIE**: Staude, 50–100 cm hoch. Stängel aufrecht, kantig, kahl, derb, nur oben verzweigt. Blätter unpaarig gefiedert. Fiedern 3–5 cm lang, eiförmig. Endständige Fiedern größer, handförmig, 3–5 spatelig gelappt. Zwischen den Fiederpaaren kleine Fiederchen. Spreitenränder gesägt. Blüten in Rispen stehend. Kelchblätter 5, sehr klein, gelbgrün. Kronblätter 5, spatelig, cremeweiß. Angenehm duftend.

◎ Blüte: Juli bis August.

◎ **BIOTOP**: vom Tiefland bis in die untere alpine Zone verbreitet. Auf feuchten Wiesen, in Hochstaudenfluren, Gräben, an Bachläufen.

◎ Bis in 1.100 m Höhe beobachtet.

◎ **VERBREITUNG**: Skandinavien, Island, nördliches Asien, Mitteleuropa.

Blutauge, Sumpf-Fingerkraut

Comarum palustre L.

Familie: Rosengewächse – Rosaceae

E. Marsh Cinquefoil N. Myrhatt S. Kråkklöver

◎ **BIOLOGIE**: Staude, 20–40 cm hoch. Stängel niederliegend, Sprosse aufrecht, rotbraun, weißlich behaart. Blätter lang gestielt, unpaarig gefiedert, 5–7 Fiedern, lanzettlich. Spreitenrand gesägt, grün, glänzend, Unterseite weißgrün. Blüten in lockerer Rispe. Außenkelch 5 kleine, lanzettliche, rotbraune Blättchen. Innenkelch 5 eiförmige, spitz auslaufende Blätter, rotbraun. Kronblätter 5, lanzettlich, 3–8 mm lang, dunkelrot-schwarzbraun. Kalk meidend.
◎ Blüte: Juni bis Juli.

◎ **BIOTOP**: vom Tiefland bis in die untere alpine Zone verbreitet. In Flachmooren, auf sumpfigen Wiesen, quelligen Bergwiesen, in Hochstaudenfluren.
◎ Bis in 950 m Höhe beobachtet.

◎ **VERBREITUNG**: Skandinavien, Island, Shetland-Inseln, nördliches Asien, Mitteleuropa.

Blutwurz

Potentilla erecta (L.) RAEUSCH.

Familie: Rosengewächse – Rosaceae

E. Tormentil N. Tepperot S. Blodrot

◎ **BIOLOGIE**: Staude, 10–15 cm hoch. Rhizom innen, rot. Stängel aufrecht, grün. Blätter 5zählig gefingert, Spreitenrand gesägt. Blätter in lockeren Abständen, grün. Blüten einzeln, endständig. Kelchblätter 8, lanzettlich, Basis verwachsen, grün. Kronblätter 4, spatelförmig, wenig geschweift, goldgelb, mit orangem Fleck. Viele Staub- und Fruchtblätter.
◎ Blüte: Juli bis August.

◎ **BIOTOP**: von der subalpinen bis in die mittlere alpine Zone verbreitet. An Birkenwaldrändern, auf Bergwiesen, in Hochstaudenfluren.
◎ Bis in 1.200 m Höhe beobachtet.

◎ **VERBREITUNG**: Skandinavien, Island, Shetland-Inseln, nördliches Asien, Mitteleuropa.

Zottiges Fingerkraut

Potentilla crantzii (CRANTZ) FRITSCH

Familie: Rosengewächse – Rosaceae

E. Alpine Cinquefoil N. Flekkmure S. Vårfingerört

◎ **BIOLOGIE**: Staude, 5–15 cm hoch. Stängel aufrecht, rotbraun behaart. Grundblätter lang gestielt, 5zählig, gebuchtet, abstehend behaart. Blattspreite grün, Oberseite kahl bis gering behaart, Unterseite Blattnerven behaart. Untere Stängelabschnitte mit vielen Niederblättchen. Obere Stängelblätter 3teilig, gefingert, mit 2 kleinen Tragblättchen. Lange Blütenstiele, rötlich, behaart, Blüte endständig. Kelchblätter 10, lanzettlich, grün, behaart. Kronblätter 5, spatelig, geschweift, goldgelb, mit orangem Fleck (auch fehlend). Kalkhold.
◎ Blüte: Juni bis Juli.

◎ **BIOTOP**: von der subalpinen bis in die mittlere alpine Zone verbreitet. Auf Wiesen, in Heiden, in Hochstaudenfluren.
◎ Bis in 1.200 m Höhe beobachtet.

◎ **VERBREITUNG**: Skandinavien, Island, Svalbard, Shetland-Inseln, nördliches Nordamerika, nördliches Asien, Mitteleuropa.

Gelbling

Sibbaldia procumbens L.

Familie: Rosengewächse – Rosaceae

E. Procumbent Sibbaldia N. Trefingerurt S. Dvärgfingerört

◎ **BIOLOGIE**: Staude, 3–10 cm hoch. Rhizom holzig. Blätter lang gestielt. Blattspreite 3–5teilig, handförmig. Vorne gestutzt, mit 3 Zähnen, graugrün, Unterseite hellgrün, weiß behaart. Blütenstand unscheinbar. Kelchblätter 5 äußere, schmallanzettlich, 5 innere, breitlanzettlich, länger, alle grün, mit gelben Längsstreifen, am Rand rotbraune Behaarung. Kronblätter 5, linealisch, gelb, kürzer als Kelchblätter.
◎ Blüte: Juli bis August.

◎ **BIOTOP**: von der subalpinen bis in die obere alpine Zone verbreitet. Auf kiesigen Böden, Schotterflächen, Schneeböden.
◎ Bis in 1.700 m Höhe beobachtet.

◎ **VERBREITUNG**: Skandinavien, Island, Svalbard, Shetland-Inseln, Grönland, nördliches Nordamerika, nördliches Asien, Mitteleuropa.

Bach-Nelkenwurz

Geum rivale L.

Familie: Rosengewächse – Rosaceae

E. Water Avens N. Enghumleblom S. Humleblomster

◎ **BIOLOGIE**: Staude, 15–30 cm hoch. Rhizom mit lang gestielten Blättern. Blattspreite unpaarig gefiedert. Das Endfieder groß, breit eiförmig, mit gebuchtetem und gesägtem Spreitenrand. Paarige Fieder kleiner, eiförmig, mit gesägtem Rand. Grundblätter mit einem endständigen Fiederblatt und 1 Paar sehr kleinen Nebenblättchen. Alle Blätter grün. Blütenstängel aufrecht, mit kleinen, wechselständigen Blättchen, rotbraun, dicht behaart. Blüten lang gestielt, in lockerer Traube, nickend. Kelchblätter 5, linealisch, kurz. Kronblätter 5 (7), breitspatelig, flach gekerbt, bilden eine Glocke. Außen rötlich, mit roten Adern, innen gelb.
◎ Blüte: Juni bis Juli.

◎ **BIOTOP**: vom Tiefland bis in die untere alpine Zone verbreitet. An Bachufern, in Flachmooren, in Hochstaudenfluren, auf Bergwiesen.
◎ Bis in 1.100 m Höhe beobachtet.

◎ **VERBREITUNG**: Skandinavien, Island, Shetland-Inseln, nördliches Nordamerika, nördliches Asien, Mitteleuropa.

Moltebeere

Rubus chamaemorus L.

Familie: Rosengewächse – Rosaceae

E. Cloudberry N. Molte S. Hjortron

◎ **BIOLOGIE**: Staude, 5–20 cm hoch. Rhizom oberirdisch, kriechend. Stängel mit lang gestielten Blättern. Stängelbasis mit 2 kleinen Nebenblättchen. Blattspreite 3–5lappig, mit tiefliegenden Adern, grün, glänzend, Spitzen rotbraun. Blüten einzeln, endständig. Kelchblätter 5, lanzettlich, grün. Kronblätter 5, spatelig, weiß. Pflanze zweihäusig. Frucht erst hellrot, später orangegelb (bereift). Gut schmeckend.

◎ Blüte: Juni bis Juli.

◎ **BIOTOP**: von der subalpinen bis in die mittlere alpine Zone verbreitet. In Mooren, moorigen Senken, Heiden.

◎ Bis in 1.200 m Höhe beobachtet.

◎ **VERBREITUNG**: Skandinavien, Svalbard, nördliches Nordamerika, nördliches Asien.

Steinbeere

Rubus saxatilis L.

Familie: Rosengewächse – Rosaceae

E. Stone Bramble | N. Teiebær | S. Stenbär

◎ **BIOLOGIE**: Staude, 10–30 cm hoch. Rhizom oberirdisch, kriechend. Blattstiele lang, feinstachelig. Blattspreite unpaarig gefiedert. Fiedern eiförmig, groß, grün. Spreitenrand doppelt gesägt. Blattstielbasis mit 2 kleinen Nebenblättchen. Blüten lang gestielt, doldig in den Blattachseln. Kelchblätter 5, lanzettlich, grün, zurückgeschlagen. Kronblätter 5, schmalspatelig, weiß. Viele Staub- und Fruchtblätter. Steinfrucht hellrot. Die Frucht schmeckt säuerlich.
◎ Blüte: Juni bis August.

◎ **BIOTOP**: von der subalpinen bis in die untere alpine Zone verbreitet. In Hochstaudenfluren, zwischen Steinschutt, an Wegrändern.
◎ Bis in 1.100 m Höhe beobachtet.

◎ **VERBREITUNG**: Skandinavien, Island, Shetland-Inseln, Mitteleuropa.

Arktische Brombeere

Rubus arcticus L.

Familie: Rosengewächse – Rosaceae

E. Arctic Bramble N. Åkerbær S. Åkerbär

◎ **BIOLOGIE**: Staude, 10–25 cm hoch. Sprosse liegend bis aufrecht. Blattstängel aufrecht, mit 3zählig gefingerten Blättern. Blattspreite eiförmig, hellgrün, glänzend. Spreitenrand gesägt. Blüten einzeln, endständig. Kelchblätter 5 (7), lanzettlich, grün. Kronblätter 5 (8), verkehrt eiförmig, hellrot, selten weiß. Viele Staubblätter weißlich, Fruchtblätter rosa. Aromatischer Geschmack.
◎ Blüte: Juli bis August.

◎ **BIOTOP**: von der subalpinen bis in die mittlere alpine Zone verbreitet. In Fjäll-Birkenwäldern, auf Wiesen, an Wegrändern.
◎ Bis in 1.200 m Höhe beobachtet.

◎ **VERBREITUNG**: Skandinavien, nördliches Nordamerika, nördliches Asien.

Alpen-Frauenmantel

Alchemilla alpina L.

Familie: Rosengewächse – Rosaceae

E. Alpine Lady's Mantle N. Fjellmarikåpe S. Fjällkåpa

◎ **BIOLOGIE**: Staude, 10–25 cm hoch. Rhizom schuppig. Blattstiele lang, gebogen, aufsteigend. Blattspreite 5–7teilig gefingert. Einschnitt der Blattspreite 2–5 mal so lang wie breit. Fiedern breitlanzettlich, Vorderrand gesägt. Oberseite grün, Unterseite silbrig grün, dicht anliegende Härchen. Blütenstängel in den Blattachseln 3teilig gefiederter Blättchen. Vorne stets gesägt. Blüten dicht gedrängt, gelb-grün, in knäueligen Rispen, über einem Tragblatt. Kelchblätter 4 innere, grün. Äußere Kelchblätter und Kronblätter fehlen. Staubblätter sehr klein (Lupe). Samenbildung vegetativ. Kalk meidend.
◎ Blüte: Juni bis August.

◎ **BIOTOP**: von der subalpinen bis in die mittlere alpine Zone verbreitet. Auf Wiesen, in Heiden, auf Schneeböden, an Abrutschhängen.
◎ Bis in 1.300 m Höhe beobachtet.

◎ **VERBREITUNG**: Skandinavien, Island, Shetland-Inseln, Grönland, nördliches Nordamerika, nördliches Asien, Mitteleuropa.

Kahler Frauenmantel

Alchemilla glabra NEYGENF.

Familie: Rosengewächse – Rosaceae

E. Bare Lady's Mantle N. Glattmarikåpe S. Glatt daggkåpa

◎ **BIOLOGIE**: Staude, 10–25 cm hoch. Rhizom stark braunschuppig. Blattstiele lang, aufsteigend. Blattspreite 5–9teilig gelappt, grün. Spreitenrand gesägt, Spitzen rot. Auf den Zähnen und in den Buchten schwache Behaarung. Blüten dicht gedrängt in knäueligen Rispen, mit 4 inneren und wenigen äußeren Kelchblättern. Kronblätter fehlen. Staubblätter sehr klein (Lupe). Samenbildung vegetativ.
◎ Blüte: Juni bis August.

◎ **BIOTOP**: von der subalpinen bis in die mittlere alpine Zone verbreitet. Auf quelligen Wiesen, Schneeböden, an Böschungen, Bachufern.
◎ Bis in 1.200 m Höhe beobachtet.

◎ **VERBREITUNG**: Skandinavien, Island, Mitteleuropa.

Moor-Birke

Betula pubescens EHRH. ssp. tortuosa (LEDEB.) NYMAN

Familie: Birkengewächse – Betulaceae

E. Downy Birch N. Vanlig bjørk S. Fjällbjörk

◎ **BIOLOGIE**: Strauch oder Baum. Oft stark verformt. Rinde weiß, schwärzliche Flecken oder ganz schwärzlich. Jüngere Zweige weißlich pelzig behaart. Blattspreite rautenförmig-dreieckig, derb, auf beiden Seiten kurzhaarig. Spreitenrand fein gesägt, grün-bleichgrün. Kalk meidend.
◎ Blüte: Mai bis Juni.

◎ **BIOTOP**: von der subalpinen bis in die mittlere alpine Zone verbreitet. Sehr anspruchslos. Auf Moorböden, zwischen Felsschutt. Über der Waldgrenze und an windexponierten Plätzen, oft bizarre Formen ausbildend.
◎ Bis in 1.200 m Höhe beobachtet.

◎ **VERBREITUNG**: Skandinavien, Island, nördliches Asien, Mitteleuropa.

Zwerg-Birke

Betula nana L.

Familie: Birkengewächse – Betulaceae

E. Dwarf Birch N. Dvergbjørk S. Dvärgbjörk

◎ **BIOLOGIE**: Strauch, 30–100 cm hoch. Hauptspross kriechend, mit aufrechten Zweigen, holzig. Blattspreite klein, rund, derb. Spreitenrand gekerbt. Blattoberseite grün, glänzend, Unterseite graugrün, matt. Blätter im Herbst rötlich. Die Pflanze hybridisiert mit der Moor-Birke (Betula pubescens).
◎ Blüte: Mai bis Juni.

◎ **BIOTOP**: von der subalpinen bis in die mittlere alpine Zone verbreitet. Auf weitläufigen, kurzrasigen Flächen, in Heiden, Moorflächen.
◎ Bis in 1.400 m Höhe beobachtet.

◎ **VERBREITUNG**: Skandinavien, Island, Svalbard, Grönland, nördliches Nordamerika, Mitteleuropa.

Wald-Storchschnabel

Geranium sylvaticum L.

Familie: Storchschnabelgewächse – Geraniaceae

E. Wood Cranesbill   N. Skogstorkenebb   S. Skogsnäva

◎ **BIOLOGIE**: Staude, 30–50 cm hoch. Grundblätter lang gestielt, Blattspreite unregelmäßig, handförmig, 5–7teilig. Einschnitte flach, Zipfel gesägt, grün, schwach silbrig behaart. Stängelblätter kleiner, Spreite tiefer eingeschnitten. Blüten endständig, doldig angeordnet. Kelchblätter 5, lanzettlich, grün, silbrig behaart. Kronblätter 5, breitspatelig, violett-weiß, dunkle Adern, Basis kurzhaarig. Staubblätter 10, blau.

◎ Blüte: Juli bis August.

◎ **BIOTOP**: von der subalpinen bis in die mittlere alpine Zone verbreitet. In Fjäll-Birkenwäldern, im Gebüsch, in Hochstaudenfluren, auf Bergwiesen.

◎ Bis in 1.200 m Höhe beobachtet.

◎ **VERBREITUNG**: Skandinavien, Island, Shetland-Inseln, nördliches Asien, Mitteleuropa.

Schmalblättriges Weidenröschen

Epilobium angustifolium L.

Familie: Nachtkerzengewächse – Onagraceae

E. Rosebay Willow-herb N. Geitrams S. Mjölkört

◎ **BIOLOGIE**: Staude, 40–100 cm hoch. Stängel aufrecht, stumpfkantig, grünrotbraun. Blätter kurz gestielt, lanzettlich, schmal. Blattspreite weich, hellgrün, Unterseite blaugrün. Hervortretende Nerven. Spreitenrand gerollt. Blüten in endständigen, lockeren Trauben. Kelchblätter 4, schmallanzettlich, rotbraun. Kronblätter 4, spatelig, Rand gebuchtet, purpurot. Staubblätter 8, lang, weißlich, 1 sehr langes Fruchtblatt, Narbe 4teilig. Früchte wollig. Kalk meidend.
◎ Blüte: Juli bis August.

◎ **BIOTOP**: vom Tiefland bis in die mittlere alpine Zone verbreitet. Auf Trockenrasen, Schotterflächen, in Hochstaudenfluren.
◎ Bis in 1.200 m Höhe beobachtet.

◎ **VERBREITUNG**: Skandinavien, Island, Grönland, nördliches Nordamerika, Mitteleuropa.

Gauchheil-Weidenröschen

Epilobium anagallidifolium LAM.

Familie: Nachtkerzengewächse – Onagraceae

E. Alpine Willow-herb N. Dvergmjølke S. Dvärgdunört

◎ **BIOLOGIE**: Staude, 5–10 cm hoch. Stängel aufrecht, wenig kantig, rotbraun, mit 2 Längsreihen Härchen. Blätter kurz gestielt, gegenständig, elliptisch-lang-oval, gering fleischig, grün-rötlich überlaufen, glänzend. Spreitenrand geschweift. Blütenstängel in den Blattachseln, gebeugt, lang, kräftig, weinrot, kurz behaart. Kelchblätter 4, lanzettlich, weinrot bis heller. Kronblätter 4, spatelig, gebuchtet, hellviolett-weißlich. Staub- und Fruchtblätter weiß.
◎ Blüte: Juli bis August.

◎ **BIOTOP**: von der subalpinen bis in die mittlere alpine Zone verbreitet. Unter Gebüsch, zwischen Steinschutt, auf Schneeböden, Quellfluren.
◎ Bis in 1.200 m Höhe beobachtet. Leicht zu übersehen.

◎ **VERBREITUNG**: Skandinavien, Island, nördliches Nordamerika, Mitteleuropa.

Hornemanns Weidenröschen

Epilobium hornemannii REICHENB.

Familie: Nachtkerzengewächse – Onagraceae

E. Hornemanns Willow-herb N. Setermjølke S. Fjälldunört

◎ **BIOLOGIE**: Staude, 10–20 cm hoch. Stängel aufrecht, schwach, rotbraun. Blätter gegenständig-wechselständig. Blattspreite breitlanzettlich-schmal eiförmig, hellgrün, Oberseite glänzend. Spreitenrand wenig gesägt. Blütenstiele zu zweit in den Blattachseln, lang, rotbraun-dunkelbraun, kurzhaarig. Kelchblätter 4, lanzettlich, grün, rotbraun werdend, kurzhaarig. Kronblätter 4, eiförmig, gebuchtet, rosa-hellrosa. Staubblätter und Fruchtblatt weiß.
◎ Blüte: Juli bis August.

◎ **BIOTOP**: von der subalpinen bis in die untere alpine Zone verbreitet. Auf quelligen Wiesen, Schneeböden, an Bachufern, in feuchten Felsspalten.
◎ Bis in 1.100 m Höhe beobachtet.

◎ **VERBREITUNG**: Skandinavien, Island, nördliches Nordamerika.

Gewöhnlicher Seidelbast

Daphne mezereum L.

Familie: Spatzenzungengewächse – Thymelaeaceae

E. Mezereum N. Tysbast S. Tibast

◎ **BIOLOGIE**: Strauch, 30–100 cm hoch. Strauch wenig verzweigt. Kurze, anliegende Behaarung an den Zweigspitzen. Rinde gelb-grau, mit braunen Warzen. Laubblätter wechselständig, in Büscheln, an den Enden der Zweige. Blattspreite lanzettlich, 3 cm lang, bis 2,5 cm breit. Größte Breite im vorderen Drittel. Obere Blattfläche hellgrün, Unterseite hellgraugrün. Blätter erscheinen nach den Blüten. Blüten zu dritt über den Narben der vorjährigen Blätter. Kelchblätter 4, zum Teil zur Röhre verwachsen, dunkelrosa. Blütenblätter fehlen. Frucht eine rote Beere. Toxisch! Kalkhold. Blüten stark duftend.
◎ Blüte: März bis Juni.

◎ **BIOTOP**: vom Tiefland bis in die untere alpine Zone verbreitet. In Misch- und Laubwäldern, Gebüschen, Hochstaudenfluren.
◎ Bis in 1.100 m Höhe beobachtet.

◎ **VERBREITUNG**: Skandinavien, nördliches Asien, Mitteleuropa.

Gewöhnliches Hirtentäschel

Capsella bursa-pastoris (L.) MEDIK.

Familie: Kreuzblütengewächse – Brassicaceae

E. Shepherd's Purse N. Gjetertaske S. Lomme

◎ **BIOLOGIE**: Pflanze einjährig überwinternd, 12–50 cm hoch. Blätter in einer Rosette angeordnet. Aufrechter Stängel, auf einem Drittel der Höhe mit mehreren Seitensprossen. Stängel gelegentlich mit feinen Längsrillen, grün. Stängelblätter in der Rosette gestielt. Blattspreite lanzettlich. Spreitenrand glatt, leier- oder schrotsägenförmig. Stängelblätter sitzend, mit 2 spitzen Zipfeln, grün. Blüten an den Sprossspitzen, in einer doldigen Traube. Blüten 3–5 mm im Durchmesser. Kelchblätter 4, grün. Kronblätter 4, verkehrt eiförmig, weiß. Früchte dreieckige Schrötchen, grün.
◎ Blüte: Mai bis Oktober.

◎ **BIOTOP**: vom Tiefland bis in die mittlere alpine Zone verbreitet. An Wegrändern, auf Ruderalstellen, in Feinschotter, in Hochstaudenfluren.
◎ Bis in 1.200 m Höhe beobachtet.

◎ **VERBREITUNG**: Skandinavien, Island, Shetland-Inseln, nördliches Asien, Mitteleuropa.

Alpen-Felsenblümchen

Draba alpina L.

Familie: Kreuzblütengewächse – Brassicaceae

E. Alpine Withlow-grass N. Gullrublom S. Gulldraba

◎ **BIOLOGIE**: Staude, 5–15 cm hoch. Grundständige Blätter lanzettlich. Blattrand glatt, graugrün, mit Sternhärchen. Stängel aufrecht, graugrün, behaart, mit endständiger Blütentraube. Kelchblätter 4, linealisch, grün. Kronblätter 4, rundlich, gelb. Staubblätter 6, Fruchtblatt 1.
◎ Blüte: Juni bis Juli.

◎ **BIOTOP**: von der subalpinen bis in die mittlere alpine Zone verbreitet. Auf feuchten Böden, kiesigen Flächen, Schneeböden, an Abbruchkanten.
◎ Bis in 1.400 m Höhe beobachtet.

◎ **VERBREITUNG**: Skandinavien, Island, Svalbard, nördliches Nordamerika, nördliches Asien.

Dahurisches Felsenblümchen

Draba daurica DC.

Familie: Kreuzblütengewächse – Brassicaceae

E. Smooth Withlow-grass N. Skredrublom S. Fjälldraba

◎ **BIOLOGIE**: Staude, 5–25 cm hoch. Grundständige Blätter in einer Rosette angeordnet. Blätter lanzettlich, Stängelblätter etwas kleiner. Spreitenrand gesägt. Alle Blätter weißlich behaart. Blütenstängel grün, weiß steifhaarig, mit endständiger Blütentraube. Kelchblätter 4, eiförmig, grün. Kronblätter 4, rundlich, weiß. Staubblätter 6, schwefelgelb, Fruchtblatt 1, weißlich. Kalkhold. Selten!
◎ Blüte: Juni bis Juli.

◎ **BIOTOP**: von der subalpinen bis in untere alpine Zone verbreitet. Auf trocken-exponierten Flächen, in felsigen Lagen, an Abrutschhängen.
◎ Bis in 1.000 m Höhe beobachtet.

◎ **VERBREITUNG**: Skandinavien, Svalbard, Grönland, nördliches Asien.

Alpen-Gänsekresse

Arabis alpina L.

Familie: Kreuzblütengewächse – Brassicaceae

E. Alpine Rock-cress N. Fjellskrinneblom S. Fjälltrav

◎ **BIOLOGIE**: Staude, 10–20 cm hoch. Rhizom mit kriechendem Stängel. Grundständige Blätter mit langen Blattstielen. Blattspreite handförmig gefingert. Spreitenrand gesägt, graugrün, sternförmig behaart. Stängelblätter sitzend, mit herzförmiger Basis, sich verschmälernd, gesägt. Blütentraube endständig. Kelchblätter 4, linealisch, gelbgrün. Kronblätter 4, rundlich, gelb. Staubblätter 6, Fruchtblatt 1. Kalkhold.
◎ Blüte: Juli bis August.

◎ **BIOTOP**: von der unteren alpinen bis in die mittlere alpine Zone verbreitet. Auf feuchten, lockeren Böden, Kiesbänken, Gesteinsschutt, an Bachrändern, auf Schneeböden.
◎ Bis in 1.400 m Höhe beobachtet.

◎ **VERBREITUNG**: Skandinavien, Island, Grönland, nördliches Nordamerika, Mitteleuropa.

Rundblättriger Sonnentau

Drosera rotundifolia L.

Familie: Sonnentaugewächse – Droseraceae

E. Round-leaved Sundew N. Rundsoldogg S. Rundsileshår

◎ **BIOLOGIE**: Staude, 5–15 cm hoch. Blattstängel aufrecht bis horizontal, bilden eine Rosette. Blattspreite rundlich, bis 1 cm Durchmesser. Auf der Oberseite viele Tentakel. An deren Spitze ein glitzerndes, klebriges Sekret (Insektenfang). Pflanze fleischfarben-gelblich gefärbt (Chlorophyllos). Blüten einzeln, lang gestielt, weiß. Kalk meidend.
◎ Blüte: Juni bis August.

◎ **BIOTOP**: vom Tiefland bis in die untere alpine Zone verbreitet. In Mooren, Feuchtheiden, auf Torf- und Sandböden, an feuchten Wegrändern, in Hochstaudenfluren.
◎ Bis in 1.100 m Höhe beobachtet.

◎ **VERBREITUNG**: Skandinavien, Island, Shetland-Inseln, nördliches Nordamerika, Mitteleuropa.

Kleiner Sauerampfer

Rumex acetosella L.

Familie: Knöterichgewächse – Polygonaceae

E. Sheep's Sorrel N. Småsyre S. Bergsyra

◎ **BIOLOGIE**: Staude, 10–20 cm hoch. Stängel aufrecht, kantig, mit Knoten, grün. Grundblätter in einer Rosette angeordnet, oft lang gestielt. Blattspreite spießförmig, mit gebogenen Spießenden, auch fehlend. Stängelblätter lanzettlich, gegenständig, kleiner. Alle Blätter grün, oft rötlich überlaufen. Blütenstand eine endständige Rispe. Blüten klein, kugelig, unscheinbar, rotbraun. Je nach Standort kann die ganze Pflanze rot aussehen. Kalk meidend. Toxisch!
◎ Blüte: Juni bis August.

◎ **BIOTOP**: vom Tiefland bis in die mittlere alpine Zone verbreitet. Auf trockenen Sand- und Schotterflächen, an Wegrändern, in Heiden, auf Magerrasen.
◎ Bis in 1.200 m Höhe beobachtet.

◎ **VERBREITUNG**: Skandinavien, Island, Shetland-Inseln, nördliches Nordamerika, nördliches Asien, Mitteleuropa.

Alpen-Säuerling

Oxyria digyna (L.) HILL

Familie: Knöterichgewächse – Polygonaceae

E. Mountain Sorrel N. Fjellsyre S. Fjällsyra

◎ **BIOLOGIE**: Staude, 5–20 cm hoch. Wurzel mit kriechenden Ausläufern. An ihnen entwickeln sich lang gestielte Blätter. Blattspreite herz-nierenförmig, grün. Spreitenrand rotbraun. Blüten in endständiger Rispe. Blüten klein, Kronblätter grün. Frucht eine linsenförmige Flügelnuss, rot, mit grünen Samen. Kalk meidend.
◎ Blüte: Juni bis August.

◎ **BIOTOP**: von der subalpinen bis in die mittlere alpine Zone verbreitet. Auf durchlässigen, kalkarmen Böden, kiesigen Flächen, an Quellrändern, auf überrieselten Schneeböden.
◎ Bis in 1.500 m Höhe beobachtet.

◎ **VERBREITUNG**: Skandinavien, Island, Mitteleuropa.

Knöllchen-Wiesenknöterich

Bistorta vivipara (L.) DELARBRE

Familie: Knöterichgewächse – Polygonaceae

E. Viviparous Knotweed N. Harerug S. Ormrot

◎ **BIOLOGIE**: Staude, 8–20 cm hoch. Rhizom kräftig entwickelt. Blätter lang gestielt, schmallanzettlich, grün, Unterseite blaugrün. Spreitenrand leicht gerollt. Stängel aufrecht, unverzweigt, grün, Knoten gelegentlich rotbraun. Obere Stängelblätter lanzettlich. Blütenstand eine endständige Ähre. Blüte weiß-rosa, an den Ährenspitzen. Pflanze mit Brutknospen (vegetative Reproduktion).
◎ Blüte: Juni bis August.

◎ **BIOTOP**: von der unteren alpinen bis in die obere alpine Zone verbreitet. Auf trockenen, kurzrasigen, nährstoffarmen Flächen wie Zwergstrauch- und Heidegesellschaften.
◎ Bis in 1.600 m Höhe beobachtet.

◎ **VERBREITUNG**: Skandinavien, Island, Shetland-Inseln, Mitteleuropa.

Dreigriffliges Hornkraut

Cerastium cerastoides (L.) BRITTON

Familie: Nelkengewächse – Caryophyllaceae

E. Starwort Mouse-ear N. Brearve S. Lapparv

◎ **BIOLOGIE**: Staude, 5–10 cm hoch. In lockeren Polstern. Untere Stängelabschnitte kriechend, Wurzel bildend. Aufrechte Sprosse mit Haarleiste. Blätter lanzettlich, gegenständig, grün. Blüten einzeln, endständig. Kelchblätter 5, lanzettlich, grün. Kronblätter 5, lanzettlich, gebuchtet, weiß. Staubblätter 10, gelb. Kalk meidend.

◎ Blüte: Juni bis August.

◎ **BIOTOP**: von der subalpinen bis in die mittlere alpine Zone verbreitet. Auf kalkarmen Magerrasen, Schneeböden, Schuttflächen.

◎ Bis in 1.400 m Höhe beobachtet.

◎ **VERBREITUNG**: Skandinavien, Island, Shetland-Inseln, nördliches Asien, Mitteleuropa.

Alpen-Hornkraut

Cerastium alpinum L.

Familie: Nelkengewächse – Caryophyllaceae

E. Alpine Mouse-ear N. Fjellarve S. Vanlig Fjällarv

◎ **BIOLOGIE**: Staude, 5–20 cm hoch. In lockeren Polstern. Untere Stängelabschnitte liegend, grün, behaart. Blätter breitlanzettlich-eiförmig, gegenständig, stark behaart, blaugrün. Blüten einzeln, endständig. Kelchblätter 5, verwachsen, langzähnig, grün, behaart. Kronblätter 5, verkehrt herzförmig, gebuchtet, weiß. Staubblätter 10, gelblich. Blütentrichter mit hellgrüner Innenbasis. Kalk meidend.
◎ Blüte: Juli bis August.

◎ **BIOTOP**: von der subalpinen bis in die mittlere alpine Zone verbreitet. Auf nährstoffarmen Böden wie Heiden, Schutthängen, Felsnischen, Abbruchkanten.
◎ Bis in 1.500 m Höhe beobachtet.

◎ **VERBREITUNG**: Skandinavien, Island, nördliches Nordamerika, Mitteleuropa.

Hain-Sternmiere

Stellaria nemorum L. s. str.

Familie: Nelkengewächse – Caryophyllaceae

E. Wood Chickweed N. Skogstjerneblom S. Nordlundarv

◎ **BIOLOGIE**: Staude, 20–40 cm hoch. Stängel rund, in Bodennähe kriechend, Wurzeln bildend. Oberer Stängelabschnitt aufrecht, schlaff, weich behaart. Untere Laubblätter langstielig, zur Sprossspitze kürzer werdend bis sitzend, stets gegenständig. Blattspreite herz-eiförmig, grün-gelbgrün, weich behaart. Blüten einzeln, endständig. Kelchblätter 5, lanzettlich, grün. Kronblätter 5, lanzettlich, tief eingeschnitten, weiß. Staubblätter 10, gelblich.

◎ Blüte: Juni bis Juli.

◎ **BIOTOP**: vom Tiefland bis in die subalpine Zone verbreitet. Wächst auf kalkarmen, humosen, feuchten Böden. In Wäldern, zwischen Gebüsch, in Hochstaudenfluren.

◎ Bis in 800 m Höhe beobachtet.

◎ **VERBREITUNG**: Skandinavien, Island, Mitteleuropa.

Vogel-Sternmiere

Stellaria media (L.) VILL.

Familie: Nelkengewächse – Caryophyllaceae

E. Chickweed N. Vassarve S. Våtarv

◎ **BIOLOGIE**: Einjährig, überwinternd, 4–45 cm hoch. Stängel kurz, verzweigt, rund, niederliegend, grün. Mit einer Längsreihe silbriger Haare. Blätter eiförmig, untere gestielt, obere sitzend, 1,5–4 cm lang, grün. Kelchblätter 5, lanzettlich, grün. Gleich lang oder länger als die Kronblätter. Anzahl der Blüten 3–6, einzeln am Stängelende. Blütendurchmesser 3–8 mm. Kronblätter 5, tief gespalten, weiß. Staubblätter 3–5, Staubbeutel bräunlich.
◎ Blüte: Mai bis September.

◎ **BIOTOP**: vom Tiefland bis in die mittlere alpine Zone verbreitet. An Wegrändern, unter Gebüsch, auf Ruderalplätzen, in Hochstaudenfluren.
◎ Bis in 1.200 m Höhe beobachtet.

◎ **VERBREITUNG**: Skandinavien, Island, Mitteleuropa.

Gras-Sternmiere

Stellaria graminea L.

Familie: Nelkengewächse – Caryophyllaceae

E. Grass Chickweed N. Grasstjerneblom S. Grässtjärnblomma

◎ **BIOLOGIE**: Staude, 10–40 cm hoch. Stängel 4kantig, unterer Abschnitt liegend, sonst aufrecht, schlaff, kahl. Blätter schmallanzettlich, gegenständig, Basis kurzhaarig, grün. Blüten einzeln, endständig. Kelchblätter 3–5, lanzettlich, meist kürzer als die Kronblätter, grün. Kronblätter 5, tief gespalten, weiß. Staubblätter 10, gelb. Kalk meidend.

◎ Blüte: Juni bis Juli.

◎ **BIOTOP**: vom Tiefland bis in die subalpine Zone verbreitet. Auf humosen, kalkarmen Böden, in Birkenwäldern, an Flachmooren.

◎ Bis in 850 m Höhe beobachtet.

◎ **VERBREITUNG**: Skandinavien, Island, Shetland-Inseln, nördliches Nordamerika, nördliches Asien, Mitteleuropa.

Liegendes Mastkraut

Sagina procumbens L.

Familie: Nelkengewächse – Caryophyllaceae

E. Procumbent Pearlwort N. Tunsmåarve S. Krypnarv

◎ **BIOLOGIE**: Staude, 2–15 cm hoch. Stängel am Boden liegend, verzweigt, bildet polsterartigen Rasen, hellgrün. Blätter linealisch, spitz, 0,5–1,5 cm lang, gegenständig. Kelchblätter 4, kreuzgegenständig, gelbgrün. Blüten einzeln, lang gestielt, sehr klein. Blütenblätter 4, eiförmig, weiß, gelegentlich fehlend. Kalk meidend.

◎ Blüte: Juni bis August.

◎ **BIOTOP**: von der subalpinen bis in die mittlere alpine Zone verbreitet. Auf Ruderalplätzen, Feinschuttbänken, in Hochstaudenfluren.

◎ Bis in 1.600 m Höhe beobachtet.

◎ **VERBREITUNG**: Skandinavien, Island, nördliches Nordamerika, Mitteleuropa.

Stängelloses Leimkraut

Silene acaulis (L.) JACQ.

Familie: Nelkengewächse – Caryophyllaceae

E. Moos Campion N. Fjellsmelle S. Fjällglim

◎ **BIOLOGIE**: Staude, 3–6 cm hoch. Polster bildend. Stängel rund, grün-rotbraun. Blätter lanzettlich, derb, grün, Unterseite mit Häkchen. Kelchblätter 5, lanzettlich, verwachsen, gezähnt, grün. Blüten einzeln, endständig. Blütenblätter 5, spatelig, gebuchtet, leuchtend rot. Angenehm duftend.
◎ Blüte: Juli bis August.

◎ **BIOTOP**: von der subalpinen bis in die obere alpine Zone verbreitet. Auf feuchten und trockenen Böden wie kiesigen Flächen, Felsabdrücken, in Schneetälchen, unter Restschnee.
◎ Bis in 1.800 m Höhe beobachtet.

◎ **VERBREITUNG**: Skandinavien, Island, Shetland-Inseln, Mitteleuropa.

Rote Lichtnelke

Silene dioica (L.) CLAIRV.

Familie: Nelkengewächse – Caryophyllaceae

E. Red Campion N. Rød jonsokblom S. Rödblära

◎ **BIOLOGIE**: Staude, 30–50 cm hoch. Stängel aufrecht, dicht behaart, grün, rötlich überlaufen. Grundständige Blätter bilden eine Rosette. Stängelblätter gegenständig. Blattspreite breitlanzettlich-eiförmig, obere Stängelblätter schmaler, behaart, Blattadern rotbraun. Die Art ist zweihäusig. Männliche Pflanzen mit schlanker, zylindrischer Blütenröhre, Kelchblätter spitz gezähnt, rötliche Adern, behaart. Weibliche Pflanzen mit breit blasenförmiger Blütenröhre, Kelch mit bis zu 20 Adern, spitz gezähnt, behaart. Blüten beider Geschlechter mit 5 Kronblättern, Rand gekerbt. Blüten einzeln, in lockeren Trauben, rot-rosa, selten weiß.
◎ Blüte: Juli bis August.

◎ **BIOTOP**: vom Tiefland bis in die untere alpine Zone verbreitet. An Waldrändern, auf feuchten Wiesen, in Hochstaudenfluren.
◎ Bis in 950 m Höhe beobachtet.

◎ **VERBREITUNG**: Skandinavien, Island, Shetland-Inseln, nördliches Nordamerika, nördliches Asien, Mitteleuropa.

Gewöhnliches Leimkraut

Silene vulgaris (MOENCH) GARCKE

Familie: Nelkengewächse – Caryophyllaceae

E. Bladder Campion N. Engsmelle S. Smällglim

◎ **BIOLOGIE**: Staude, 20–50 cm hoch. Stängel aufrecht, am Boden gebogen, kahl. Blätter lanzettlich, gegenständig, blaugrün. Kelchblätter 5, verwachsen und aufgeblasen, weiß gezähnt, mit Nervennetz, grün, rotbraun überlaufen. Kronblätter 5, spatelig, vorn gebuchtet, etwas geschweift, weiß oder rötlich. Staubblätter gelb. Blüten stehen in einer lockeren Traube.
◎ Blüte: Juli bis August.

◎ **BIOTOP**: vom Tiefland bis in die subalpine Zone verbreitet. An Wegrändern, auf Wiesen und Ödflächen. Wärme liebend.
◎ Bis in 950 m Höhe beobachtet.

◎ **VERBREITUNG**: Skandinavien, nördliches Asien, Mitteleuropa.

Kronlose Nelke

Silene wahlbergella CHOWD.

Familie: Nelkengewächse – Caryophyllaceae

E. Northern Catchfly N. Blindurt S. Fjällblära

◎ **BIOLOGIE**: Staude, 10–15 cm hoch. Stängel aufrecht, grün, Knoten rotbraun. Grundständige Blätter lanzettlich, grün, rotbraune Mittelrippe. Stängelblätter lanzettlich, gegenständig, grün, rotbraune Basis. Blüten einzeln, endständig. Kelchblätter verwachsen, als aufgeblasene Röhre, silbrig-grün, dunkelhaarige Blattadern. Kronblätter rötlich-weiß, kürzer als die Kelchblätter.

◎ Blüte: Juli bis August.

◎ **BIOTOP**: von der subalpinen bis in die mittlere alpine Zone verbreitet. Auf kalkhaltigen Böden wie feuchten Wiesen, Silberwurzheiden, Schotterflächen. Bevorzugt Nordhänge.

◎ Bis in 1.500 m Höhe beobachtet. Leicht zu übersehen.

◎ **VERBREITUNG**: mittleres bis nördliches Skandinavien.

Pechnelke

Lychnis viscaria L.

Familie: Nelkengewächse – Caryophyllaceae

E. Sticky Catchfly N. Tjæreblom S. Tjärblomster

◎ **BIOLOGIE**: Staude, 10–25 cm hoch. Stängel aufrecht, grün, Knoten dunkelbraun, klebrig. Grundständige Blätter bilden eine Rosette. Blattspreite lanzettlich, hellgrün. Obere Stängelblätter lanzettlich, gegenständig, grün. Blüten rispig-traubig angeordnet. Kelchblätter 5, verwachsen, hell rötlichbraun. Kronblätter 5, spatelig, purpur-rosarot, Rand geschweift. Am Blütenschlund mit 2teiligen Lippen (Nebenkronen), rosa-weißlich. Staub- und Fruchtblätter bleichrosa-weiß. Kalk meidend. Selten!
◎ Blüte: Juni bis Juli.

◎ **BIOTOP**: von der subalpinen bis in die untere alpine Zone verbreitet. Auf flachen, kiesigen Lagen, auf Trockenrasen, an Abrutschhängen.
◎ Bis in 950 m Höhe beobachtet.

◎ **VERBREITUNG**: Skandinavien, nördliches Asien, Mitteleuropa.

Alpen-Pechnelke

Lychnis alpina L.

Familie: Nelkengewächse – Caryophyllaceae

E. Alpine Lychnis N. Fjelltjæreblom S. Fjällnejlika

◎ **BIOLOGIE**: Staude, 10–15 cm hoch. Grundständige Blätter in einer Rosette angeordnet. Blattspreite linealisch, blaugrün. Sprosse gebogen-aufrecht, blaugrün, oft rotbraun überlaufen. Stängelblätter lanzettlich, gegenständig, Basis verwachsen, blaugrün. Blüten endständig, traubenförmig. Kelchblätter 5, verwachsen, Rand gezähnt, hellbraun-gelbgrün. Kronblätter 5, breit zungenförmig, gebuchtet, rosa. Schlund mit 2teiligen, weißen Lippen (Nebenkronen). Staub- und Fruchtblätter hellgelb. Angenehm duftend.

◎ Blüte: Juli bis August.

◎ **BIOTOP**: von der unteren alpinen bis in die mittlere alpine Zone verbreitet. Auf trockenen, steinigen Böden, Schotterflächen, an Abbruchkanten.

◎ Bis in 1.500 m Höhe beobachtet.

◎ **VERBREITUNG**: Skandinavien, Island, nördliches Nordamerika.

Schwedischer Hartriegel

Cornus suecica L.

Familie: Hartriegelgewächse – Cornaceae

E. Dwarf Cornel N. Skrubbær S. Hönsbär

◎ **BIOLOGIE**: Staude, 5–20 cm hoch. Rhizom mit unterirdischen Ausläufern, mit Blattschuppen. Stängel aufrecht, 4kantig, grün, rotbraun überlaufen. Blätter in halber Stängelhöhe am größten, kreuzgegenständig. Blattspreite eiförmig, markante Blattadern grün. Mehr als 20 Blüten, endständig doldig. Von 4 weißen, 1 cm langen, eiförmigen Hochblättern umgeben. Blüten sehr klein, dunkelbraun. Frucht eiförmig, scharlachrot. Kalk meidend.
◎ Blüte: Juni bis Juli.

◎ **BIOTOP**: von der subalpinen bis in die untere alpine Zone verbreitet. In Fjäll-Birkenwäldern, unter Gebüsch, auf feuchten, torfigen Böden.
◎ Bis in 1.000 m Höhe beobachtet.

◎ **VERBREITUNG**: Skandinavien, Island, Grönland.

Blaue Himmelsleiter

Polemonium caeruleum L.

Familie: Himmelsleitergewächse – Polemoniaceae

E. Jacob's Ladder N. Vanlig fjellflokk S. Blågull

◎ **BIOLOGIE**: Staude, 30–80 cm hoch. Stängel aufrecht, kantig, grün. Blätter wechselständig, unpaarig gefiedert. Fiedern 8–10zählig, lanzettlich, grün. Blüten in einer drüsenhaarigen Rispe. Kelchblätter 5, Basis verwachsen, spitz auslaufend, grün, behaart. Kronblätter 5, eiförmig, blau, gelegentlich weißlich. Staubblätter 5, gelb, Griffel lang, bläulich. Angenehm duftend. Kalk meidend.
◎ Blüte: Juli bis August.

◎ **BIOTOP**: von der subalpinen bis in die untere alpine Zone verbreitet. An Gebüschrändern, Bachläufen, auf Wiesen, in Hochstaudenfluren.
◎ Bis in 1.200 m Höhe beobachtet.

◎ **VERBREITUNG**: Skandinavien, nördliches Asien, Mitteleuropa.

Europäischer Siebenstern

Trientalis europaea L.

Familie: Primelgewächse – Primulaceae

E. Chickweed Wintergreen N. Skogstjerne S. Skogsstjärna

◎ **BIOLOGIE**: Staude, 7–15 cm hoch. Pflanze mit unterirdischen Ausläufern, bilden Knollen (vegetative Reproduktion). Stängel aufrecht, Blätter elliptisch-spatelig, in quirliger Anordnung, hellgrün. Lange, rotbraune Blütenstiele, in den Blattachseln. Kelchblätter 7, schmallanzettlich, an der Basis verwachsen, hellgrün, mit rotbraunem Längsstrich. Kronblätter 7, elliptisch, Basis verwachsen, Ring bildend, weiß. Staubblätter 7, weiß-gelb, Fruchtblatt 1, grün.
◎ Blüte: Juni bis Juli.

◎ **BIOTOP**: vom Tiefland bis in die mittlere alpine Zone verbreitet. In Fjäll-Birkenwäldern, unter Gebüsch, liebt Deckung.
◎ Bis in 1.400 m Höhe beobachtet.

◎ **VERBREITUNG**: Skandinavien, Island, nördliches Nordamerika, nördliches Asien, Mitteleuropa.

Nordische Primel

Primula scandinavica BRUUN

Familie: Primelgewächse – Primulaceae

E. Scandinavian Primrose N. Fjellnøkleblom S. Fjällviva

◎ **BIOLOGIE**: Staude, 5–10 cm hoch. Blätter in einer Rosette angeordnet. Blattspreite spatelig, hellgrün, Unterseite stark bemehlt. Spreitenrand gezähnt. Blütenstängel aufrecht, graugrün, stark behaart. 2–8 Blüten in endständiger Dolde. Kelchblätter 5, lanzettlich, grün, silbrig behaart. Kronblätter 5, spatelig, gebuchtet, mit Abrundungen, zur Röhre verwachsen. Violett, später weißlich werdend. Schlund mit gelbem Ring. Kalkhold. Selten!
◎ Blüte: Juli bis August.

◎ **BIOTOP**: von der unteren alpinen bis in die mittlere alpine Zone verbreitet. Auf Schotterflächen, in Silberwurzheiden, an Abbruchkanten.
◎ Bis in 1.400 m Höhe beobachtet.

◎ **VERBREITUNG**: Skandinavien.

Steife Primel

Primula stricta HORN.

Familie: Primelgewächse – Primulaceae

E. Strict Primrose N. Smalnøkleblom S. Smalviva

◎ **BIOLOGIE**: Staude, 10–20 cm hoch. Blätter in einer Rosette angeordnet. Blattspreite spatelförmig, hellgrün, Unterseite schwach bemehlt. Blütenstängel aufrecht, rotbraun-braun. 2–5 Blüten in endständiger Dolde. Kelchblätter 5, lanzettlich, silbriggrün. Kronblätter 5, spatelig, gebuchtet, zur Röhre verwachsen. Violett, später verblassend. Schlund mit gelbem Ring. Kalkhold.
◎ Blüte: Juni bis Juli.

◎ **BIOTOP**: von der subalpinen bis in die untere alpine Zone verbreitet. Auf kurzrasigen Wiesen, an Hanglagen, an Seeufern.
◎ Bis in 1.100 m Höhe beobachtet.

◎ **VERBREITUNG**: Skandinavien.

Diapensia

Diapensia lapponica L.

Familie: Diapensiengewächse – Diapensiaceae

E. Lapland Diapensia N. Fjellpryd S. Fjällgröna

◎ **BIOLOGIE**: Staude, 2–5 cm hoch. Dichtes, festes Polster bildend. Blätter breit-lanzettlich, derb, immergrün. Blüten auf kurzen, rotbraunen Stielen. Kelchblätter 5, elliptisch, grün, mit rotbrauner Spitze. Kronblätter 5, spatelig, weiß. Staubblätter 5, gelbe Staubbeutel. Fruchtblatt 1, Narbe gespalten.
◎ Blüte: Juni bis Juli.

◎ **BIOTOP**: von der mittleren bis in die obere alpine Zone verbreitet. Auf freien Flächen, zwischen Flechten und anderen kurzrasigen Pflanzen, auf windexponierten Flächen, auf Schneefeldern.
◎ Bis in 1.600 m Höhe beobachtet.

◎ **VERBREITUNG**: Skandinavien, Island, Grönland, nördliches Nordamerika.

Norwegisches Wintergrün

Pyrola norvegica G. KNABEN

Familie: Heidekrautgewächse – Ericaceae

E. Norwegian Wintergreen N. Norsk vintergrønn S. Vitpyrola

◎ **BIOLOGIE**: Staude, 5–15 cm hoch. Rhizom mit unterirdischen Ausläufern. Blätter rosettig bis wechselständig. Blattspreite elliptisch, 2–3 cm lang, hell-gelbgrün. Spreitenrand fein gezähnt, drüsig, gerollt. Stängel aufrecht, kantig, hellrotbraun, mit 1–2 kleinen, grün-weißlichgrünen Schuppenblättchen. Stängelspitze mit lockerer Blütentraube, 10–20 Blüten tragend. Kelchblätter 5, eiförmig, hellrotbraun. Kronblätter 5, eiförmig, weiß. Staubblätter 8, verdickter Fruchtstand, hellrotbraun. Kalk meidend.
◎ Blüte: Juli bis August.

◎ **BIOTOP**: von der subalpinen bis in die untere alpine Zone verbreitet. Unter Gebüsch, an Wegrändern, an Abrutschhängen.
◎ Bis in 1.100 m Höhe beobachtet.

◎ **VERBREITUNG**: Skandinavien, nördliches Nordamerika, nördliches Asien.

Kleines Wintergrün

Pyrola minor L.

Familie: Heidekrautgewächse – Ericaceae

E. Common Wintergreen N. Perlevintergrønn S. Klotpyrola

◎ **BIOLOGIE**: Staude, 5–15 cm hoch. Rhizom mit langen, unterirdischen Ausläufern. Blätter wechselständig am aufrechten Spross, gelegentlich in Form einer Rosette. Blattspreite 2–3 cm lang, rundlich bis elliptisch, grün. Spreitenrand glatt, gekerbt oder drüsig. Stängel aufrecht, kantig, grün, mit 1–2 lanzettlichen Tragblättchen. Sprossspitze mit lockerer Blütentraube, 10–20 Blüten tragend. Kelchblätter 5, breitlanzettlich, verwachsen, grün. Kronblätter 5, verkehrt eiförmig, weiß. Staubblätter 8, verdickter Fruchtstand. Kalk meidend.
◎ Blüte: Juni bis Juli.

◎ **BIOTOP**: vom Tiefland bis in die untere alpine Zone verbreitet. Unter Gebüsch, an Wegrändern, Abbruchkanten, Moorrändern, auf Heideflächen.
◎ Bis in 1.100 m Höhe beobachtet.

◎ **VERBREITUNG**: Skandinavien, Island, Shetland-Inseln, nördliches Nordamerika, nördliches Asien, Mitteleuropa.

Moosauge

Moneses uniflora (L.) A. GRAY

Familie: Heidekrautgewächse – Ericaceae

E. One-flowered Wintergreen N. Olavsstake S. Ögonpyrola

◎ **BIOLOGIE**: Staude, 5–10 cm hoch. Rhizom unterirdisch kriechend. Blätter in einer Rosette angeordnet. Blattspreite gestielt, eiförmig-rundlich, immergrün. Spreitenrand fein gesägt. Stängel aufrecht, mit endständiger Blüte. In Blütennähe ein eiförmiges, sitzendes Blättchen. Kelchblätter 5, eiförmig, gelbgrün. Kronblätter 5, eiförmig, weiß, abgespreizt. Staubblätter hell-goldgelb, später braun. Verdickter Fruchtstand, hellgrün, langer Griffel.
◎ Blüte: Juni bis Juli.

◎ **BIOTOP**: vom Tiefland bis in die untere alpine Zone verbreitet. In Nadel- und Birkenwäldern, an Moorrändern, an Wiesenrändern.
◎ Bis in 950 m Höhe beobachtet.

◎ **VERBREITUNG**: Skandinavien, nördliches Nordamerika, nördliches Asien, Mitteleuropa.

Birngrün

Orthilia secunda (L.) HOUSE

Familie: Heidekrautgewächse – Ericaceae

E. Serrated Wintergreen   N. Nikkevintergrønn   S. Björkpyrola

◎ **BIOLOGIE**: Staude, 5–15 cm hoch. Rhizom mit unterirdischen Ausläufern. Blätter wechselständig am aufrechten Spross, gelegentlich in einer Rosette. Blattspreite 2–3 cm lang, eiförmig, hellgrün. Spreitenrand gezähnt. Stängel aufrecht-gebogen, hellbraun-fleischfarbig, mit einseitiger Blütentraube. 6–20 Blüten. Kelchblätter 5, eiförmig, gelbgrün. Kronblätter 5, weiß. Staubblätter 8, verdickter Fruchtstand.
◎ Blüte: Juni bis Juli.

◎ **BIOTOP**: von der subalpinen bis in die untere alpine Zone verbreitet. Auf Heideflächen, an Wegrändern, in Hangsenken, in Gebüschen.
◎ Bis in 1.000 m Höhe beobachtet.

◎ **VERBREITUNG**: Skandinavien, Island, nördliches Nordamerika, nördliches Asien, Mitteleuropa.

Echte Bärentraube

Arctostaphylos uva-ursi (L.) SPRENG.

Familie: Heidekrautgewächse – Ericaceae

E. Bearberry N. Mjølbær S. Mjölon

◎ **BIOLOGIE**: Strauch, 10–15 cm hoch. Äste niederliegend, stark verzweigt, kriechend. Blätter kurz gestielt, verkehrt eiförmig, immergrün. Blattspreite ledrig, grün, glänzend, Unterseite heller, matt. Oberste Blattachseln mit Blütentrauben. Kelchblätter 5, eiförmig, grün, Basis verwachsen. Kronblätter 5, glockig verwachsen, weiß-rosa, Zipfel rötlich. Staubblätter und Fruchtblätter kurz, Hummelbestäubung! Frucht eine rote Beere.
◎ Blüte: Juni bis Juli.

◎ **BIOTOP**: von der subalpinen bis in die mittlere alpine Zone verbreitet. Auf Heideflächen, an Hangabbrüchen, in Zwerg-Birken-Gesellschaften.
◎ Bis in 1.400 m Höhe beobachtet.

◎ **VERBREITUNG**: Skandinavien, Island, Shetland-Inseln, nördliches Nordamerika, nördliches Asien, Mitteleuropa.

Alpen-Bärentraube

Arctostraphylos alpinus (L.) SPRENG.

Familie: Heidekrautgewächse – Ericaceae

E. Black Bearberry N. Rypebær S. Ripbär

◎ **BIOLOGIE**: Strauch, 2–6 cm hoch. Zweige niederliegend, kriechend, Enden bis zu 6 cm nach oben gebogen. Blätter gegenständig oder quirlig. Blattspreite verkehrt eiförmig, grün, glänzend. Vertiefte Blattnerven, Unterseite rotbraun. Spreitenrand gesägt, rotbraun. Sommergrün. Obere Blattachseln mit 1–5 kurz gestielten Blüten. Kelchblätter 5, lanzettlich, weißgrün, Basis verwachsen. Kronblätter 5, glockig verwachsen, grün-weißfleckig, Zipfel hellgrün. Staubblätter sowie Fruchtblätter kurz, Hummelbestäubung! Frucht eine rote Beere, später schwarz werdend. Laub im Herbst rot. Kalk meidend.
◎ Blüte: Juli bis August.

◎ **BIOTOP**: von der unteren bis in die obere alpine Zone verbreitet. Auf trockenen Rasen, in Heiden, auf schattenfreien, windgeschützten Flächen.
◎ Bis in 1.600 m Höhe beobachtet.

◎ **VERBREITUNG**: Skandinavien, Grönland, nördliches Nordamerika, Mitteleuropa.

Vierkantige Cassiope

Cassiope tetragona (L.) D. DON

Familie: Heidekrautgewächse – Ericaceae

E. White Arctic Bell-heather N. Kantlyng S. Kantljung

◎ **BIOLOGIE**: Strauch, 8–15 cm hoch, mit tiefsitzendem Rhizom. Zweige aufwärts gebogen. Blätter lanzettlich, dicht gedrängt, in 4 Reihen am Zweig (kantig). Blattspreite grün, derb, mit Mattglanz. In den oberen Blattachseln nickende Blüten. Blütenstiel etwa 1 cm lang. Kelchblätter 5, lanzettlich, hell fleischfarbig-gelb. Kronblätter 5, elliptisch, glockig, gezähnter Rand, weiß-cremefarbig. Blütenglocke 6–8 mm lang. Kalkhold.
◎ Blüte: Juli bis August.

◎ **BIOTOP**: von der unteren alpinen bis in die obere alpine Zone verbreitet. Auf Heideflächen, an Berghängen, Abrutschkanten, zwischen Felsschutt.
◎ Bis in 1.800 m Höhe beobachtet.

◎ **VERBREITUNG**: Skandinavien, Svalbard, nördliches Nordamerika, nördliches Asien.

Moosähnliche Cassiope

Cassiope hypnoides (L.) D. DON

Familie: Heidekrautgewächse – Ericaceae

E. Mossy Mountain-heather N. Moselyng S. Mossljung

◎ **BIOLOGIE**: Strauch, 5–8 cm hoch, mit tiefsitzendem Rhizom. Viele Zweige, niederliegend. Blätter spitz, linealisch, in schuppiger Anordnung, grün. Zweigspitzen mit nickenden Blüten. Blütenstiele 1 cm lang, rotbraun. Kelchblätter 5, elliptisch, rotbraun. Kronblätter 5, elliptisch, weiß, spitz, mit braunem Fleck. Blütenglocke 4–5 mm lang.
◎ Blüte: Juli bis August.

◎ **BIOTOP**: von der mittleren bis in die obere alpine Zone verbreitet. Auf Heideflächen, Schneeböden, an Abrutschhängen, auf Kraut-Weide-Flächen.
◎ Bis in 1.600 m Höhe beobachtet.

◎ **VERBREITUNG**: Skandinavien, Island, Svalbard, nördliches Nordamerika.

Lappland-Alpenrose

Rhododendron lapponicum (L.) WAHLENB.

Familie: Heidekrautgewächse – Ericaceae

E. Lapland Rhododendron N. Lapprose S. Lapsk alpros

◎ **BIOLOGIE**: Strauch, 10–15 cm hoch. Zweige kriechend, Enden gebogen. Blätter elliptisch, 8–10 mm lang, einzeln oder in einer Rosette angeordnet, an den Zweigspitzen. Blattspreite derb, grün, Unterseite mit braunen Drüsenhärchen. Blüten 1–3, an 1 cm langen rotbraunen Blütenstielen, an den Zweigspitzen. Kelchblätter 5, elliptisch, rostbraun behaart. Kronblätter 5, glockig verwachsen. Krone bis 2 cm breit, violett-dunkelrosa. Staubblätter 5, Fruchtblatt 1, länger als die Krone, blütenfarbig. Kalkhold. Toxisch! Selten!
◎ Blüte: Juni, nach der Schneeschmelze.

◎ **BIOTOP**: von der unteren alpinen bis in die obere alpine Zone verbreitet. Auf Heideböden, an trockenen Berghängen.
◎ Bis in 1.600 m Höhe beobachtet.

◎ **VERBREITUNG**: Skandinavien, nördliches Asien.

Gämsheide

Kalmia procumbens (L.) CALASSO et al.

Familie: Heidekrautgewächse – Ericaceae

E. Loiseleuria N. Greplyng S. Krypljung

◎ **BIOLOGIE**: Strauch, 2–4 cm hoch. Mit kriechenden Zweigen und dichter Belaubung. Blätter schmalelliptisch, gegenständig. Blattspreite ledrig, derb, immergrün, die Oberseite glänzend. Spreitenrand gerollt. Obere Blattachseln mit 1–5 kurz gestielten Blüten. Kelchblätter 5, lanzettlich, Basis verwachsen, rotbraun. Kronblätter 5, lanzettlich, verwachsen, rosa, später weißlich-rosa. Staubblätter 5, Fruchtblatt 1, mit weißer Narbe. Kalk meidend.
◎ Blüte: Juni bis Juli.

◎ **BIOTOP**: von der unteren alpinen bis in die obere alpine Zone verbreitet. Bevorzugt windexponierte, schneefreie Flächen, Heiden, Trockenrasen. Gegen Trockenheit und Frost bestens angepasst.
◎ Bis in 1.800 m Höhe beobachtet.

◎ **VERBREITUNG**: Skandinavien, Island, Shetland-Inseln, nördliches Nordamerika, nördliches Asien, Mitteleuropa.

Zwittrige Krähenbeere

Empetrum hermaphroditum HAGERUP

Familie: Heidekrautgewächse – Ericaceae

E. Crowberry N. Fjellkrekling S. Nordkråkbär

◎ **BIOLOGIE**: Zwergstrauch, 10–30 cm hoch, mit liegenden, dunkelbraunen Ästen, in flächiger Ausbreitung. Jahrestriebe aufrecht, grün-rotbraun. Blätter langelliptisch, gerollter Spreitenrand. Blattspreite grün, glänzend. Unterseite mit weißlicher Längsrinne. Blüten kurz gestielt, in den Blattachseln der Vorjahrestriebe. Blüten klein, unauffällig, rosa blühend, zwittrig. Pflanze immergrün. Frucht eine blauschwarze Beere. Kalk meidend.
◎ Blüte: Mai bis Juni.

◎ **BIOTOP**: von der subalpinen bis in die mittlere alpine Zone verbreitet. In Mooren, auf Heideflächen.
◎ Bis in 1.200 m Höhe beobachtet.

◎ **VERBREITUNG**: Skandinavien, Island, Grönland, nördliches Nordamerika, Mitteleuropa.

Blauheide

Phyllodoce caerulea (L.) BAB.

Familie: Heidekrautgewächse – Ericaceae

E. Blue Mountain-heath N. Blålyng S. Lappljung

◎ **BIOLOGIE**: Strauch, 10–15 cm hoch. Zweige kriechend, Enden gebogen. Blätter linealisch, dicht gedrängt. Blattspreite ledrig, glänzend, immergrün. Unterseite mit kurz behaartem Längsnerv. Obere Blattachseln mit 3–5 lang gestielten Blüten. Blütenstiele rotbraun, drüsig behaart. Kelchblätter 5, lanzettlich, an der Basis verwachsen, rotbraun, mit Drüsenhaaren. Blütenblätter 5, verwachsen, rötlich, später bläulich. Der Blütenrand nach außen gebogen.
◎ Blüte: Juli bis August.

◎ **BIOTOP**: von der unteren alpinen bis in die mittlere alpine Zone verbreitet. An Birkenwaldrändern, auf Heideflächen, zwischen Felsgeröll.
◎ Bis in 1.400 m Höhe beobachtet.

VERBREITUNG: Skandinavien, Island, Grönland, nördliches Nordamerika, nördliches Asien.

Heidekraut

Calluna vulgaris (L.) HULL

Familie: Heidekrautgewächse – Ericaceae

E. Heather N. Røsslyng S. Ljung

◎ **BIOLOGIE**: Strauch, 10–25 cm hoch, niederliegend, mit gebogenen Zweigen. Blätter linealisch-lanzettlich, gegenständig, in 4 Reihen, schuppig beieinander liegend, immergrün. Obere Zweigabschnitte mit einseitswendiger Blütentraube. Kelchblätter 4, eiförmig, violett-weißrosa, mit Härchen. Kronblätter 4, eiförmig, verwachsen, rosa. Staubblätter 8, kurz, Fruchtblatt 1, sehr lang. Kalk meidend.
◎ Blüte: Juli bis August.

◎ **BIOTOP**: von der subalpinen bis in die mittlere alpine Zone verbreitet. Auf Moorböden, Trockenrasen, weitläufigen Heideflächen.
◎ Bis in 1.300 m Höhe beobachtet.

◎ **VERBREITUNG**: Skandinavien, Island, nördliches Nordamerika, nördliches Asien, Mitteleuropa.

Rosmarienheide

Andromeda polifolia L.

Familie: Heidekrautgewächse – Ericaceae

E. Marsh Andromeda N. Kvitlyng S. Rosling

◎ **BIOLOGIE**: Zwergstrauch, 10–20 cm hoch. Rhizom kriechend, mit aufrechten Zweigen. Blätter lanzettlich, kurz gestielt, immergrün. Blattspreite ledrig, dunkelgrün, glänzend. Blattnerven hell, Unterseite graugrün. Spreitenrand gerollt. In den oberen Blattachseln 1 cm lange Blütenstiele, traubig. Kelchblätter 5, eiförmig, Basis verwachsen, hellrosa. Kronblätter 5, kugelig verwachsen. Blütenrand nach außen gebogen, hellrosa-weißlichrosa. Kalk meidend. Toxisch!
◎ Blüte: Juni bis Juli.

◎ **BIOTOP**: vom Tiefland bis in die untere alpine Zone verbreitet. Auf nassen, torfigen Böden, in Mooren, in Schneetälchen.
◎ Bis in 1.100 m Höhe beobachtet.

◎ **VERBREITUNG**: Skandinavien, Island, nördliches Nordamerika, nördliches Asien, Mitteleuropa.

Gewöhnliche Moosbeere

Vaccinium oxycoccos L.

Familie: Heidekrautgewächse – Ericaceae

E. Mossberry N. Tranebær S. Tranbär

◎ **BIOLOGIE**: Staude, 10–20 cm hoch. Rhizom mit oberirdischen Ausläufern. Blätter kurz gestielt, klein, elliptisch-dreieckig, immergrün, Unterseite graugrün. Wechselständig an dunkelroten Trieben. Spreitenfläche glatt, Rand gerollt. Blütenstängel aufrecht, rotbraun, 2 Vorblättchen tragend. Kelchblätter 4, eiförmig, Basis verwachsen, rot. Kronblätter 4, breitlanzettlich, Spitze stumpf, Basis verwachsen, zurückgeschlagen, rosa-rot, später weißlich werdend. Staubblätter 8, gelb-bräunlich, Fruchtblatt 1, weißlich. Kalk meidend.
◎ Blüte: Juni bis Juli.

◎ **BIOTOP**: vom Tiefland bis in die untere alpine Zone verbreitet. In Mooren, unter Gebüsch.
◎ Bis in 950 m Höhe beobachtet.

◎ **VERBREITUNG**: Skandinavien, nördliches Nordamerika, nördliches Asien, Mitteleuropa.

Preiselbeere

Vaccinium vitis-idaea L.

Familie: Heidekrautgewächse – Ericaceae

E. Cranberry N. Tyttebær S. Lingon

◎ **BIOLOGIE**: Zwergstrauch, 5–10 cm hoch. Rhizom im Boden kriechend, Zweige gebogen, braun. Blätter elliptisch, kurz gestielt, wechselständig. Blattspreite ausgerandet, ledrig, dunkelgrün, glänzend. Unterseite heller, matt. Spreitenrand gerollt. Pflanze immergrün. Blüten als Traube an den Triebspitzen. Kelchblätter 4, rot. Kronblätter 4, glockig verwachsen, Zipfel gebogen, weiß, rötlich überlaufen. Staubblätter 8, gelb, Fruchtblatt 1, weißlich-grün, sehr lang. Frucht eine scharlachrote Beere. Kalk meidend.
◎ Blüte: Juli bis August.

◎ **BIOTOP**: vom Tiefland bis in die mittlere alpine Zone verbreitet. In Mooren, Heiden, auf Trockenrasen.
◎ Bis in 1.400 m Höhe beobachtet.

◎ **VERBREITUNG**: Skandinavien, Island, Shetland-Inseln, nördliches Nordamerika, nördliches Asien, Mitteleuropa.

Heidelbeere, Blaubeere

Vaccinium myrtillus L.

Familie: Heidekrautgewächse – Ericaceae

E. Blueberry N. Blåbær S. Blåbär

◎ **BIOLOGIE**: Zwergstrauch, 10–40 cm hoch. Rhizom mit unterirdischen Ausläufern. Zweige kantig, graugrün, Jungtriebe grün, im Herbst rot. Blätter kurz gestielt, elliptisch, weich, hellgrün, glänzend. Spreitenrand gesägt, rot. Blüten einzeln, gestielt in den Blattachseln. Kelchblätter 4, verwachsen, grün-braungrün. Kronblätter 4, kugelig verwachsen. Blütenrand mit 4 Zipfeln, gebogen. Blüte rot-weinrot, Zipfel heller. Frucht eine blaue Beere, kann bereift sein. Kalk meidend.

◎ Blüte: Juni bis Juli.

◎ **BIOTOP**: vom Tiefland bis in die mittlere alpine Zone verbreitet. In Laubwäldern, Mooren, Heiden. Frostempfindlich, Schneeschutz notwendig.

◎ Bis in 1.300 m Höhe beobachtet.

◎ **VERBREITUNG**: Skandinavien, Island, Shetland-Inseln, nördliches Nordamerika, nördliches Asien, Mitteleuropa.

Moor-Heidelbeere

Vaccinium uliginosum L.

Familie: Heidekrautgewächse – Ericaceae

E. Bog Whortleberry N. Blokkebær S. Odon

◎ **BIOLOGIE**: Zwergstrauch, 15–50 cm hoch. Rhizom mit unterirdischen Ausläufern. Zweige rund, graugrün, Jungtriebe grün. Blätter kurz gestielt, verkehrt eiförmig, weich, blaugrün, die Unterseite heller. Mit deutlich netzförmiger Aderung. Lang gestielte Blüten in den Blattachseln. Kelchblätter 4, verwachsen, hellrot-violett. Kronblätter 4, krugförmig verwachsen. Blütenrand verengt, mit 4 3eckigen Zipfeln. Blüten weiß, rosa überlaufen, Zipfel heller. Frucht eine schwarze Beere. Kalk meidend.
◎ Blüte: Juni bis Juli.

◎ **BIOTOP**: vom Tiefland bis in die mittlere alpine Zone verbreitet. Auf Trockenrasen, in Heiden, an quelligen Hanglagen, in Mooren.
◎ Bis in 1.300 m Höhe beobachtet.

◎ **VERBREITUNG**: Skandinavien, Island, Shetland-Inseln, nördliches Nordamerika, nördliches Asien, Mitteleuropa.

Nordisches Labkraut

Galium boreale L.

Familie: Rötegewächse – Rubicaceae

E. Northern Bedstraw N. Kvitmaure S. Vitmåra

◎ **BIOLOGIE**: Staude, 10–35 cm hoch. Stängel aufrecht, 4kantig. Blattstellung quirlig. Blätter lanzettlich, dunkelgrün, mit 3 markanten Längsnerven. Blüten in doldenförmiger Anordnung. Blütenstielbasis mit 2 Nebenblättchen. Kelchblätter 4, verwachsen, gelbgrün. Kronblätter 4, Basis verwachsen, Kronzipfel flach, weiß. Samen mit Häkchen. Basenhold.
◎ Blüte: Juli bis August.

◎ **BIOTOP**: von der subalpinen bis in die untere alpine Zone verbreitet. In nassen Wiesen, an Seeufern, Moorrändern, Gebüschen, in Fjäll-Birkenwäldern.
◎ Bis in 800 m Höhe beobachtet.

◎ **VERBREITUNG**: Skandinavien, Island, nördliches Asien, Mitteleuropa.

Schnee-Enzian

Gentiana nivalis L.

Familie: Enziangewächse – Gentianaceae

E. Snow Gentian N. Snøsøte S. Fjällgentiana

◎ **BIOLOGIE**: einjährige Pflanze, 5–15 cm hoch. Stängel aufrecht, verzweigt, schwach, rotbraun. Grundblätter in einer Rosette angeordnet. Blattspreite elliptisch-lanzettlich, grün, Spreitenrand braun. Unterseite mit dunkelbraunem Längsnerv. Kelchblätter 5, spitzlanzettlich, Basis verwachsen, hellgrün. Kronblätter 5, spitz eiförmig, blau. Staubblätter weiß. Kalkhold. Blüten öffnen sich erst ab 10 °C.
◎ Blüte: Juli bis August.

◎ **BIOTOP**: von der subalpinen bis in die mittlere alpine Zone verbreitet. In Fjäll-Birkenwäldern, Heiden, zwischen Gestrüpp, an Bachufern, auf Bergwiesen.
◎ Bis in 1.400 m Höhe beobachtet.

◎ **VERBREITUNG**: Skandinavien, Island, Grönland, nördliches Nordamerika, Mitteleuropa.

Feld-Kranzenzian

Gentianella campestris (L.) BÖRNER

Familie: Enziangewächse – Gentianaceae

E. Field Gentian N. Bakkesøte S. Fältgentiana

◎ **BIOLOGIE**: einjährige, auch zweijährige Pflanze, 5–20 cm hoch. Stängel aufrecht, verzweigt, 4kantig, rotbraun. Grundblätter in einer Rosette angeordnet. Blattspreite spatelig, grün. Stängelblätter gegenständig, eilanzettlich, grün. Vereinzelt Mittelnerv dunkelbraun. Blütenstiele lang gestielt, in den Blattachseln. Kelchblätter 4, lanzettlich. Zipfel der äußeren Kelchblätter breiter als die der inneren Kelchblätter, grün. Kronblätter 4, breit eiförmig, mit bärtig gelblichgrünem Schlund, außen violett.
◎ Blüte: Juli bis August.

◎ **BIOTOP**: von der subalpinen bis in die mittlere alpine Zone verbreitet. In Fjäll-Birkenwäldern, auf Wiesen, in Heiden, an Gebüschrändern.
◎ Bis in 1.200 m Höhe beobachtet.

◎ **VERBREITUNG**: Skandinavien, Island, Mitteleuropa.

Bitterer Kranzenzian

Gentianella amarella (L.) BÖRNER s. str.

Familie: Enziangewächse – Gentianaceae

E. Felwort N. Bittersøte S. Ängsgentiana

◎ **BIOLOGIE**: zweijährige Pflanze, 5–20 cm hoch. Stängel kriechend-aufrecht, 4kantig, verzweigt, grün-rotbraun. Grundblätter kreuzgegenständig. Blattspreite spatelig, grün. Stängelblätter gegenständig, spitz dreieckig, grün. Unterseite mit markanten Längsnerven. Blüten lang gestielt, in den Blattachseln. Kelchblätter 5, lanzettlich, an der Basis rotbraun, dann grün. Kronblätter 5, lanzettlich, Basis verwachsen, rotviolett, heller werdend. Schlund weißlich-bärtig.
◎ Blüte: Juli bis August.

◎ **BIOTOP**: von der subalpinen bis in die untere alpine Zone verbreitet. Auf kurzrasigen Wiesen, in Heiden, an Wegrändern, in Flachmooren.
◎ Bis in 1.100 m Höhe beobachtet.

◎ **VERBREITUNG**: Skandinavien, Zentralasien, Mitteleuropa.

Gamander-Ehrenpreis

Veronica chamaedrys L.

Familie: Wegerichgewächse – Plantaginaceae

E. Germander Speedwell N. Tviskjeggveronika S. Teveronika

◎ **BIOLOGIE**: Staude, 10–20 cm hoch. Stängel aufrecht, mit Härchen in 2 Längsreihen, über den Verzweigungen ganz behaart, grün-rotbraun. Blätter kurz gestielt. Blattspreite eiförmig, hellgrün, wenig behaart. Spreitenrand gesägt. In den Blattachseln lang gestielte Blütentrauben. Kelchblätter 4, lanzettlich, grün, behaart. Kronblätter 4, spatelig, zur Röhre verengt. Blau mit dunklen Adern, weißer Schlundring.
◎ Blüte: Juni bis Juli.

◎ **BIOTOP**: von der subalpinen bis in die untere alpine Zone verbreitet. Auf feuchten Wiesen, in Hochstaudenfluren, in Feinschutt.
◎ Bis in 850 m Höhe beobachtet.

◎ **VERBREITUNG**: Skandinavien, Island, Mitteleuropa.

Alpen-Ehrenpreis

Veronica alpina L. subsp. pumila (ALL.) DOSTAL

Familie: Wegerichgewächse – Plantaginaceae

E. Alpine Speedwell N. Fjellveronika S. Fjällveronika

◎ **BIOLOGIE**: Staude, 10–15 cm hoch. Stängel aufrecht, grün, oberes Drittel behaart. Blätter ungestielt, gegenständig. Blattspreite in halber Stängellänge am größten, eilanzettlich, grün. Blüten in einer Traube an den Triebspitzen, 3–8-blütig. Kelchblätter 4, elliptisch, dunkelgrün, behaart. Kronblätter 4, eiförmig, tiefblau, Basis zur Röhre verengt, Schlund weiß.
◎ Blüte: Juli bis August.

◎ **BIOTOP**: von der subalpinen bis in die obere alpine Zone verbreitet. Auf Wiesen, in Heiden, zwischen Gestrüpp, in Hochstaudenfluren.
◎ Bis in 1.600 m Höhe beobachtet. Oft übersehen!

◎ **VERBREITUNG**: Skandinavien, Island.

Felsen-Ehrenpreis

Veronica fruticans JACQ.

Familie: Wegerichgewächse – Plantaginaceae

E. Rock Speedwell N. Bergveronika S. Klippveronika

◎ **BIOLOGIE**: Staude, 5–15 cm hoch. Stängel kurz, mehrfach verzweigt, grün, kurzhaarig. Blätter ungestielt, gegenständig, grün. Blattspreite verkehrt eiförmig-lanzettlich, etwas dick, grün. Spreitenrand schwach gesägt-glatt. Blüten in endständiger Traube, 1–7blütig. Kelchblätter 4, lanzettlich, grün, behaart. Kronblätter 4, azurblau, Schlundring purpur. Kalk meidend.
◎ Blüte: Juni bis Juli.

◎ **BIOTOP**: von der subalpinen bis in die mittlere alpine Zone verbreitet. Auf steinigen Trockenrasen, an Abrutschhängen, zwischen Geröll.
◎ Bis in 1.300 m Höhe beobachtet.

◎ **VERBREITUNG**: Skandinavien, Island, Alpen.

Breit-Wegerich

Plantago major L. susp. major

Familie: Wegerichgewächse – Plantaginaceae

E. Broadleaf Plantain N. Groblad S. Gårdsgroblad

◎ **BIOLOGIE**: Staude, 3–10 cm hoch. Zahlreiche Blätter in einer Rosette angeordnet. Blätter liegend-schräg aufrecht. Blattspreite eiförmig, mit 5–9 auffälligen Blattnerven. Blätter mit und ohne Behaarung. Aufrechte Blütenähre mit sehr vielen Einzelblüten (Lupe). Unterer Abschnitt länger als der Blüten tragende. Blüten gelblich-weiß. Staubblätter weiß, mit braun-weinroten Staubbeuteln. Basenhold.
◎ Blüte: Juni bis Oktober.

◎ **BIOTOP**: vom Tiefland bis in die obere alpine Zone verbreitet. Auf feuchten bis trockenen Feinschuttflächen, an Hangrändern, auf Trittflächen, zwischen Felsspalten, in Hochstaudenfluren.
◎ Bis in 1.800 m Höhe beobachtet.

◎ **VERBREITUNG**: Skandinavien, Island, Shetland-Inseln, Mitteleuropa.

Alpenhelm

Bartsia alpina L.

Familie: Sommerwurzgewächse – Orobanchaceae

E. Alpine Bartsia N. Svarttopp S. Svarthö

◎ **BIOLOGIE**: Staude, 15–20 cm hoch. Stängel aufrecht, stumpf 4kantig, dunkelviolett, behaart. Blätter ungestielt, gegenständig. Blattspreite eiförmig, grünviolett überlaufen, behaart. Spreitenrand gesägt. Endständige Blüten in kurzer Ähre. Kelchblätter 4, glockenförmig verwachsen, mit 4 schmalen Zipfeln, grünviolett überlaufen, drüsenhaarig. Krone mit längerer, vorn gestutzter Oberlippe. Unterlippe kleiner, 3zipflig gebogen, rot-violett, drüsig behaart.
◎ Blüte: Juli bis August.

◎ **BIOTOP**: von der subalpinen bis in die mittlere alpine Zone verbreitet. Auf Wiesen, Moorböden, in Hochstaudenfluren.
◎ Bis in 1.200 m Höhe beobachtet.

◎ **VERBREITUNG**: Skandinavien, Island, Shetland-Inseln, nördliches Nordamerika, Mitteleuropa.

Echter Augentrost

Euphrasia officinalis L. subsp. rostkoviana (HAYNE) F. TOWNS

Familie: Sommerwurzgewächse – Orobanchaceae

E. Common Eyebright N. Storaugnetrøst S. Stor ögontröst

◎ **BIOLOGIE**: einjährige Pflanze, 5–10 cm hoch. Stängel aufrecht, verzweigt, grün, rot überlaufen, behaart. Blätter ungestielt, gegenständig. Blattspreite eiförmig, grün, glänzend, kurzhaarig, Unterseite matt. Spreitenrand gesägt. Blüten kurz gestielt, in den Blattachseln. Kelchblätter 4, verwachsen, 4 schmale Zipfel, grün, schwarzbraun gerandet. Krone mit aufgebogener Oberlippe, Rand gebuchtet, violett, Adern hellviolett-weiß. Unterlippe größer, 3lappig, weiß mit goldgelbem Fleck, Adern violett. Mittellappen tief gebuchtet.
◎ Blüte: Juli bis August.

◎ **BIOTOP**: von der subalpinen bis in die mittlere alpine Zone verbreitet. Unter Gebüsch, auf Wiesen, in Hochstaudenfluren.
◎ Bis in 1.300 m Höhe beobachtet.

◎ **VERBREITUNG**: Skandinavien.

Moorkönig, Karlszepter

Pedicularis sceptrum-carolinum L.

Familie: Sommerwurzgewächse – Orobanchaceae

E. Sceptred Lousewort N. Kongsspir S. Kung Karls spira

◎ **BIOLOGIE**: Staude, 25–60 cm hoch. Stängel aufrecht, grün-hellbraun. Grundblätter in einer Rosette angeordnet. Blattspreite lang gestielt, lanzettlich, fiederteilig, grün-blaugrün. Spreitenrand gebuchtet. Stängelblätter wechselständig, in unregelmäßigen Abständen. Im oberen Bereich bis zu 3 cm lange Blüten. Blütenkelch 5zipflig, mit kleinen Zähnchen, gelb-grün, rötlich überlaufen. Krone mit helmförmiger Oberlippe, unterer Rand gelegentlich bewimpert, hellgelb. Unterlippe länger, die übereinander schlagenden Seitenränder verschließen den Schlund, hellgelb, rot überlaufen. Kalkhold.
◎ Blüte: Juli bis August.

◎ **BIOTOP**: von der subalpinen bis in die mittlere alpine Zone verbreitet. In Mooren, Hochstaudenfluren, auf feuchten Wiesen.
◎ Bis in 1.200 m Höhe beobachtet.

◎ **VERBREITUNG**: Skandinavien, nördliches Asien, Mitteleuropa.

Buntes Läusekraut

Pedicularis oederi VAHL

Familie: Sommerwurzgewächse – Orobanchaceae

E. Oeders Lousewort N. Gullmyrklegg S. Gullspira

◎ **BIOLOGIE**: Staude, 5–20 cm hoch. Grundblätter in einer Rosette angeordnet, lang gestielt, Blattspreite lanzettlich gefiedert. Aufrechter Stängel, kantig, violett überlaufen. Laubblätter lang gestielt, Blattspreite lanzettlich gefiedert, grün-violett überlaufen. Kurze Blütenstiele in den Blattachseln oberer Blätter. Blütenstand ähnelt einer Ähre. Kelchblätter 5, verwachsen, mit 3eckigen Spitzen, behaart. Krone mit helmförmiger Oberlippe, spitz auslaufend, hellgelb. Beidseits mit rotem Fleck. Unterlippe gleichlang, hellgelb. Schlund offen. Kalkhold.
◎ Blüte: Juli bis August.

◎ **BIOTOP**: von der subalpinen bis in die mittlere alpine Zone verbreitet. Im Moor, auf feuchten-nassen Wiesen, in Heiden.
◎ Bis in 1.200 m Höhe beobachtet.

◎ **VERBREITUNG**: Skandinavien, nördliches Nordamerika, Mitteleuropa.

Sumpf-Läusekraut

Pedicularis palustris L.

Familie: Sommerwurzgewächse – Orobanchaceae

E. Marsh Lousewort N. Vanlig myrklegg S. Kärrspira

◎ **BIOLOGIE**: zweijährige Pflanze, 15–40 cm hoch. Stängel aufrecht, selten verzweigt, Basis mit Schuppenblättchen, rotbraun. Blätter kurz gestielt, lanzettlich, fiederteilig, grün, rotbraun überlaufen. Spreitenrand gebuchtet. Blüten kurz gestielt, einzeln in den Blattachseln. Kelchblätter 2, verwachsen, Zipfel gezähnt, deutlicher Längsnerv, grün-rotbraun, behaart. Nach der Blüte aufgeblasen. Krone mit helmförmiger Oberlippe, Seitenränder mit pfriemlichen Zähnchen, hellpurpur-dunkelrosa. Unterlippe etwas länger, leicht schiefstehend, Ränder bewimpert. Seitenzipfel größer als Mittelzipfel, hellrosa-rosa. Schlund offen.
◎ Blüte: Juli bis August.

◎ **BIOTOP**: von der subalpinen bis in die untere alpine Zone verbreitet. In Fjäll-Birkenwäldern, an Moorrändern, auf nassen Wiesen.
◎ Bis in 950 m Höhe beobachtet.

◎ **VERBREITUNG**: Skandinavien, nördliches Asien, Mitteleuropa.

Lappland-Läusekraut

Pedicularis lapponica L.

Familie: Sommerwurzgewächse – Orobanchaceae

E. Lapland Lousewort N. Bleikmyrklegg S. Lappspira

◎ **BIOLOGIE**: zweijährige Pflanze, 5–20 cm hoch. Stängel aufrecht, Basis behaart, rotbraun. Grundblätter in einer Rosette angeordnet. Blattspreite kurz gestielt, lanzettlich, fiederteilig, grün. Spreitenrand gebuchtet, gerollt, rotbraun. Blüten kurz gestielt, in einer Traube. Kelchblätter 5, verwachsen, oberer Rand mit 2 spitzen Fortsätzen, rotbraun. Krone mit helmförmiger Oberlippe, spitz auslaufend, hellgelb-weißgelb. Unterlippe gleichlang, leicht gewunden, mit 2 breiten Seitenlappen, hellgelblich-weißgelblich. Blüten duften angenehm.
◎ Blüte: Juli bis August.

◎ **BIOTOP**: von der subalpinen bis in die mittlere alpine Zone verbreitet. In Mooren, auf nassen Wiesen, in Heiden.
◎ Bis in 1.200 m Höhe beobachtet.

◎ **VERBREITUNG**: Skandinavien, Grönland.

Wiesen-Wachtelweizen

Melampyrum pratense L.

Familie: Sommerwurzgewächse – Orobanchaceae

E. Common Cow-wheat N. Engmarimjelle S. Ängskovall

◎ **BIOLOGIE**: einjährige Pflanze, 10–20 cm hoch. Stängel aufrecht, dünn, 4kantig, grün, rot überlaufen. Blätter lanzettlich, gegenständig, grün. Obere Blätter mit spitz und lang gezähntem Spreitenrand. Blütenstängel lang, ebenso beblättert. Kelchblätter 4, verwachsen, lange Zipfel, grün. Krone mit seitlich gedrückter Oberlippe. Unterlippe länger, hellgelb-gelb. Blütenschlund mit Haarring.
◎ Blüte: Juli bis August.

◎ **BIOTOP**: vom Tiefland bis in die untere alpine Zone verbreitet. In Fjäll-Birkenwäldern, Mooren, Heiden.
◎ Bis in 1.000 m Höhe beobachtet.

◎ **VERBREITUNG**: Skandinavien, nördliches Nordamerika, Mitteleuropa.

Kleiner Klappertopf

Rhinanthus minor L.

Familie: Sommerwurzgewächse – Orobanchaceae

E. Yellow Rattle | N. Småengkall | S. Äkta ängsskallra

◎ **BIOLOGIE**: einjährige Pflanze, 10–20 cm hoch. Stängel aufrecht, unverzweigt, 4kantig, grün, rotbraun überlaufen. Blätter ungestielt, gegenständig, grün. Blattspreite lanzettlich, Spreitenrand gesägt. Obere Blätter dreieckig-rundlich, grob gesägt, oft rotbraun überlaufen. Blüten kurz gestielt, in endständiger Ähre. Kelchblätter 4, verwachsen, Rand mit 4 breiten Zähnchen, hellgrün-rotbraun. Krone mit helmförmiger Oberlippe, mit weißen, winzigen Zähnchen. Unterlippe kürzer, 3lappig. Blüten mit offenem Schlund, dottergelb, später bräunlich, rot überlaufen. Kalk meidend.
◎ Blüte: Juli bis August.

◎ **BIOTOP**: von der subalpinen bis in die mittlere alpine Zone verbreitet. Auf Wiesen, Schotterflächen, an Wegrändern.
◎ Bis in 1.200 m Höhe beobachtet.

◎ **VERBREITUNG**: Skandinavien, Island, Shetland-Inseln, Grönland, Mitteleuropa.

Alpen-Fettkraut

Pinguicula alpina L.

Familie: Wasserschlauchgewächse – Lentibulariaceae

E. Alpine Butterwort N. Fjelltettegras S. Fjälltätört

◎ **BIOLOGIE**: Staude, 5–15 cm hoch. Blattrosette mit 5–8 Blättern. Blattspreite verkehrt eiförmig-elliptisch, gelb-hellolivgrün, Oberseite drüsig und klebrig. Spreitenrand nach oben gerollt. Blütenstiel aufrecht, mit endständiger Blüte, rotbraun, kurzhaarig. Bis zu 8 Blütenstiele sind möglich. Blütenkelch 2lippig, verwachsen, gelbgrün-grün. Krone 2lippig, weiß, mit gelblich-grünlichem Sporn. Oberlippe mit 2 breit gerundeten Lappen. Unterlippe breiter, mit 3 gerundeten Lappen. Schlund mit 1–3 gelben Flecken und kurzhaarigem Wulst. Kalkhold.
◎ Blüte: Juli bis August.

◎ **BIOTOP**: von der subalpinen bis in die untere alpine Zone verbreitet. In Fjäll-Birkenwäldern, in Mooren, auf nassen Wiesen.
◎ Bis in 950 m Höhe beobachtet.

◎ **VERBREITUNG**: Skandinavien, nördliches Asien, Mitteleuropa.

Echtes Fettkraut

Pinguicula vulgaris L.

Familie: Wasserschlauchgewächse – Lentibulariaceae

E. Common Butterwort N. Vanlig tettegras S. Tätört

◎ **BIOLOGIE**: Staude, 5–15 cm hoch. Blattrosette mit 5–10 Blättern. Blattspreite verkehrt eiförmig-elliptisch, gelb-gelbgrün, Oberseite drüsig und klebrig. Spreitenrand nach oben gerollt. Blütenstiel aufrecht, mit endständiger Blüte, rotbraun, kurzhaarig. Bis zu 5 Blütenstiele sind möglich. Blütenkelch 2lippig, verwachsen, spitz auslaufend, rotbraun. Krone 2lippig, violett, mit langem, schlankem Sporn. Oberlippe 3lappig, geschweift, zurückgebogen. Unterlippe 2lappig, größer, mit weißem Schlundfleck und Härchen.
◎ Blüte: Juli bis August.

◎ **BIOTOP**: von der subalpinen bis in die mittlere alpine Zone verbreitet. In Mooren, auf quelligen Wiesen, an Bachufern.
◎ Bis in 1.400 m Höhe beobachtet.

◎ **VERBREITUNG**: Skandinavien, Island, Shetland-Inseln, nördliches Asien, Mitteleuropa.

Niederliegendes Vergissmeinnicht

Myosotis decumbens HOST

Familie: Borretschgewächse – Boraginaceae

E. Alpine Forget-me-not N. Fjellminneblom S. Fjällförgätmigej

◎ **BIOLOGIE**: Staude, 15–25 cm hoch. Stängel aufrecht, grün, behaart. Grundblätter lang gestielt, elliptisch, grün, behaart. Stängelblätter ungestielt, wechselständig, lanzettlich, grün, behaart. Blüten in endständiger, lockerer Traube. Kelchblätter 5, verwachsen, mit breiten Zipfeln, grün, häkchenhaarig. Kronblätter 5, rundlich, doppelt so lang wie der Kelch, hellblau, mit gelbem Schlundring. Staubblätter weiß.
◎ Blüte: Juni bis August.

◎ **BIOTOP**: von der subalpinen bis in die mittlere alpine Zone verbreitet. Auf Wiesen, an Bachläufen, zwischen Gestrüpp, in Hochstaudenfluren.
◎ Bis in 1.400 m Höhe beobachtet.

◎ **VERBREITUNG**: Skandinavien, Mitteleuropa.

Wiesen-Kerbel

Anthriscus sylvestris (L.) HOFFM.

Familie: Doldengewächse – Apiaceae

E. Queen Ann´s Lace N. Hundekjeks S. Hundkäx

◎ **BIOLOGIE**: Staude, 40–100 cm hoch. Stängel aufrecht, kantig gefurcht, hohl, hellgrün. Blätter in Blattscheiden, mit langem Stiel. Blattspreite 2–3fach fiederteilig, hellgrün, gesägt. Untere Fieder kleiner als die oberen. Blüten in zusammengesetzten Dolden (Dolde 1. Ordnung). Dolde 2. Ordnung mit 6–16 Blüten. Blütenbasis mit 5–8 lanzettlich, gelbgrünen Hüllblättern, Rand gesägt. Kronblätter 5, spatelig, Rand gebuchtet, weiß. Staubblätter 5, weißlich. Kalkhold. Pflanze angenehm duftend.
◎ Blüte: Juli bis August.

◎ **BIOTOP**: vom Tiefland bis in die untere alpine Zone verbreitet. Auf feuchten Wiesen, in Hochstaudenfluren, an Gräben und Abrutschhängen.
◎ Bis in 950 m Höhe beobachtet.

◎ **VERBREITUNG**: Skandinavien, Island, Mitteleuropa.

Echte Engelwurz

Angelica archangelica L. subsp. archangelica

Familie: Doldengewächse – Apiaceae

E. Angelica N. Fjellkvann S. Fjällkvanne

◎ **BIOLOGIE**: zweijährige Pflanze, 60–130 cm hoch. Rhizom kräftig entwickelt. Stängel aufrecht, rund, gerillt, grün-rotbraun. Grundblätter lang gestielt, in bauchiger Blattscheide. Blattspreite unpaarig gefiedert, 5–7zählig. Fiedern eiförmig, Spreitenrand fein gesägt. Stängelblätter den Grundblättern gleich. Blätter hellgrün. Blütenstängel mit endständiger Dolde (Dolde 1. Ordnung). Dolde 2. Ordnung mit je 10–30 Blüten, grünlichweiß. Kronblätter 5, spatelig, Staubblätter 5.
◎ Blüte: Juli bis August.

◎ **BIOTOP**: von der subalpinen bis in die mittlere alpine Zone verbreitet. An Bachufern, auf periodisch überschwemmten Flächen, an Gestrüpprändern.
◎ Bis in 1.200 m Höhe beobachtet.

◎ **VERBREITUNG**: Skandinavien, nördliches Asien, Mitteleuropa.

Moosglöckchen

Linnaea borealis L.

Familie: Moosglöckchengewächse – Linnaeaceae

E. Twin Flower N. Linnea S. Linnea

◎ **BIOLOGIE**: Zwergstrauch, 5–12 cm hoch. Stämmchen sehr dünn, kriechend, bis 2 m lang, hellbraun. Blätter elliptisch, breit eiförmig-rund, grün, glänzend. Spreitenrand gesägt, rotbraun. Blütenstängel aufrecht, behaart, mit 2 gegenständig breit eiförmig-rundlichen Blättchen. Blüten lang gestielt. Kelchblätter 5, lanzettlich, grün, rotbraun überlaufen, behaart. Blütenblätter 5, verwachsen, mit gebuchtetem Rand, außen weiß, innen rot gestreift. Wintergrün. Kalk meidend. Angenehm duftend.

◎ Blüte: Juli bis August.

◎ **BIOTOP**: von der subalpinen bis in die untere alpine Zone verbreitet. In Fjäll-Birkenwäldern, unter Gebüsch, in Heiden.

◎ Bis in 1.100 m Höhe beobachtet.

◎ **VERBREITUNG**: Skandinavien, nördliches Nordamerika, Mitteleuropa.

Rundblättrige Glockenblume

Campanula rotundifolia L.

Familie: Glockenblumengewächse – Campanulaceae

E. Bluebell N. Blåklokke S. Blåklocka

◎ **BIOLOGIE**: Staude, 5–25 cm hoch. Grundblätter lang gestielt. Blattspreite herzförmig-dreieckig, Basis rund, grün. Spreitenrand geschweift-gesägt. Stängel aufrecht, Basis behaart. Stängelblätter linealisch, grün. Blüten an langen Stielen, nickend. Kelchblätter 5, Basis verwachsen, dunkelgrün, Spitzen dreieckig-pfriemlich, gebogen. Kronblätter 5, zur Glocke verwachsen, Rand zipflig, hellblau-violettblau. Langes Fruchtblatt, blassblau.
◎ Blüte: Juli bis August.

◎ **BIOTOP**: von der subalpinen bis in die mittlere alpine Zone verbreitet. Auf Wiesen, in Heiden, auf Schotterflächen.
◎ Bis in 1.400 m Höhe beobachtet.

◎ **VERBREITUNG**: Skandinavien, Island, Shetland-Inseln, nördliches Nordamerika, Mitteleuropa.

Fieberklee

Menyanthes trifoliata L.

Familie: Fieberkleegewächse – Menyanthaceae

E. Bogbean N. Bukkeblad S. Vattenklöver

◎ **BIOLOGIE**: Staude, 15–30 cm hoch. Stängel aufrecht, fleischig, grün. Blätter 3zählig, Blättchen eiförmig, fleischig, grün. Spreitenrand glatt-geschweift, rotbraun. Blüten in lockerer Traube, endständig. Kelchblätter 5, lanzettlich, an der Basis verwachsen, zipflig, grün, Rand rötlich. Kronblätter lanzettlich, außen rötlich, innen weiß, Basis verwachsen. Innenseite lang fransig-bärtig. Staubblätter 5, gelb, Fruchtblatt 1, Narbe gespalten. Kalk meidend.
◎ Blüte: Juni bis Juli.

◎ **BIOTOP**: von der subalpinen bis in die untere alpine Zone verbreitet. An Seeufern, in Moorschlenken, auf quelligen Wiesen.
◎ Bis in 900 m Höhe beobachtet.

◎ **VERBREITUNG**: Skandinavien, Island, Shetland-Inseln, nördliches Nordamerika, nördliches Asien, Mitteleuropa.

Sumpf-Kratzdistel

Cirsium palustre (L.) SCOP.

Familie: Korbblütengewächse – Asteraceae

E. Marsh Thistle N. Myrtistel S. Kärrtistel

◎ **BIOLOGIE**: mehrjährige Pflanze, 50–130 cm hoch. Stängel selten verzweigt. Mit herablaufenden, reich bestachelten Leisten. Blätter wechselständig, auf ganzer Stängellänge sitzend. Blattspreite buchtig-fiederspaltig, Unterseite schwach filzig, weißlich. Spreitenrand gewellt stachlig. Blütenköpfchen dicht gedrängt an der Sprossspitze, kurz gestielt. Hüllblätter langoval, oft purpurviolett überlaufen. Die äußeren Hüllblätter mit sehr kurzen Stacheln. Körbchen etwa 10 mm lang, 5 mm im Durchmesser. Nur röhrenförmige, zwittrige, fertile Blüten. Blütenfarbe violett.
◎ Blüte: Juli bis September.

◎ **BIOTOP**: vom Tiefland bis in die mittlere alpine Zone verbreitet. Auf feuchten-nassen Wiesen, an Gräben und Flachmoorrändern, in Hochstaudenfluren.
◎ Bis in 1.300 m Höhe beobachtet.

◎ **VERBREITUNG**: Skandinavien, nördliches Nordamerika, Mitteleuropa.

Echte Alpenscharte

Saussurea alpina (L.) DC.

Familie: Korbblütengewächse – Asteraceae

E. Alpine Saussurea N. Fjelltistel S. Fjällskära

◎ **BIOLOGIE**: Staude, 10–40 cm hoch. Rhizom kräftig, schuppig. Stängel aufrecht, grün-hellbraun, oberes Ende behaart. Grundblätter eilanzettlich, spitz auslaufend. Oberseite grün, Unterseite grauflizig. Spreitenrand glatt-fein gesägt. Stängelblätter lanzettlich, wechselständig, herablaufend, grün, Unterseite filziggrau. Blütenköpfe endständig, zu 2–18 in einer Rispe. Hüllblätter mehrreihig, lanzettlich, spitz auslaufend, schwarz-violett überlaufen. Zungenblüten fehlen. Röhrenblüten violett-purpur, zwittrig. Kalk meidend. Duftet nach Kamille.
◎ Blüte: Juli bis August.

◎ **BIOTOP**: von der subalpinen bis in die mittlere alpine Zone verbreitet. Zwischen Weiden, Birken, in Hochstaudenfluren, an windexponierten Plätzen, auf Schneeböden.
◎ Bis in 1.400 m Höhe beobachtet.

◎ **VERBREITUNG**: Skandinavien, nördliches Nordamerika, nördliches Asien, Mitteleuropa.

Wiesen-Kuhblume, Löwenzahn

Taraxacum sect. Ruderalia KIRSCHNER et al.

Familie: Korbblütengewächse – Asteraceae

E. Dandelion N. Løvetann S. Ogräsmaskrosor

◎ **BIOLOGIE**: Staude, 5–40 cm hoch. Grundständige Blätter in einer Rosette angeordnet. Blattspreite schmallanzettlich, Spreitenrand schrotsägenförmig. Mittelrippe Oberseite grün-purpurviolett, nicht mit Streifenmustern. Blüten einzeln, auf langem, unverzweigtem Blütenschaft (hohl). Blütenboden wenig gewölbt. Hüllblätter in 2 Reihen angeordnet. Innere größer als die äußeren Hüllblätter. Zurückgeschlagen oder abstehend. Nur zungenförmige, zwittrige, goldgelbe Blüten im Blütenkorb. Pflanze enthält Milchsaft.
◎ Blüte: Mai bis September.

◎ **BIOTOP**: vom Tiefland bis in die mittlere alpine Zone verbreitet. Auf mäßig feuchten Wiesen, an Wegrändern, auf Ruderalflächen, in Hochstaudenfluren.
◎ Bis in 1.200 m Höhe beobachtet.

◎ **VERBREITUNG**: Skandinavien, Mitteleuropa.

Alpen-Milchlattich

Cicerbita alpina (L.) WALLR.

Familie: Korbblütengewächse – Asteraceae

E. Blue Sow-thistle N. Turt S. Torta

◎ **BIOLOGIE**: Staude, 50–120 cm hoch. Stängel aufrecht, unverzweigt, grün-rotbraun, führt Milchsaft. Oberer Abschnitt drüsenhaarig. Blätter schrotsägenförmig-dreieckig. Basis Stängel umfassend. Obere Blätter mit spießförmiger Blattspreite, hellgrün. Blütenköpfe in gestreckter Rispe. Stängel der Blütenköpfe und die mehrreihigen Hüllblätter rotbraun, drüsig behaart. Kronblätter blauviolett, zungenförmig, der Vorderrand gezähnt. Kalk meidend.

◎ Blüte: Juli bis August.

◎ **BIOTOP**: von der subalpinen bis in die untere alpine Zone verbreite. In Fjäll-Birkenwäldern, auf quelligen Bergwiesen, in Hochstaudenfluren.

◎ Bis in 1.100 m Höhe beobachtet.

◎ **VERBREITUNG**: Skandinavien, nördliches Asien, Mitteleuropa.

Alpen-Habichtskraut

Hieracium alpinum L.

Familie: Korbblütengewächse – Asteraceae

E. Alpine Hawkweed N. Fjellsveve S. Fjällfibbla

◎ **BIOLOGIE**: Staude, 10–15 cm hoch. Stängel aufrecht, unverzweigt, grün, rotbraun überlaufen, weiß behaart. Grundständige Blätter in einer Rosette angeordnet. Blattspreite breitlanzettlich-lang eiförmig, kurz behaart. Spreitenrand glatt, vereinzelt gezähnt, mit Drüsenhaaren. Stängelblätter wie Grundblätter. Blütenstängel ein-, selten mehrköpfig, behaart. Hüllblätter lang, spießförmig, mehrreihig, lange dunkle Haare, kurze Drüsenhaare. Blütenkopf erscheint dunkelgrün. Blüte zwittrig. Kronblätter zungenförmig, gelb, Rand gezähnt und bewimpert. Kalk meidend.
◎ Blüte: Juli bis September.

◎ **BIOTOP**: von der subalpinen bis an die obere alpine Zone verbreitet. Auf Trockenrasen, Schotterflächen, an Abbruchkanten.
◎ Bis in 1.600 m Höhe beobachtet.

◎ **VERBREITUNG**: Skandinavien, Island, Shetland-Inseln, Grönland, nördliches Nordamerika, Mitteleuropa.

Woll-Habichtskraut

Hieracium villosum JACQ.

Familie: Korbblütengewächse – Asteraceae

E. Woolly Hawkweed N. Ullsveve S. Ullhårfibbla

◎ **BIOLOGIE**: Staude, 10–20 cm hoch. Stängel aufrecht, grün, weißhaarig. Blätter lanzettlich, blaugrün, weißwollig behaart. Spreitenrand älterer Blätter glattgeschweift, jüngere glatt. Blütenstängel in Tragblattachseln. Blüten zwittrig. Hüllblätter mehrreihig, lanzettlich, grün, weißwollig behaart. Kronblätter zungenförmig, gelb, Rand gezähnt. Kalkhold.

◎ Blüte: Juli bis September.

◎ **BIOTOP**: von der subalpinen bis in die obere alpine Zone verbreitet. Auf steinigen Grasflächen, Geröllflächen, an Abbruchkanten.

◎ Bis in 1.600 m Höhe beobachtet.

◎ **VERBREITUNG**: Skandinavien, Island, Mitteleuropa.

Kleines Mausohrhabichtskraut

Pilosella officinarum F:W: SCHULTZ et SCH.-BIP.

Familie: Korbblütengewächse – Asteraceae

E. Mouse-ear Hawkweed N. Hårsveve S. Gråfibbla

◎ **BIOLOGIE**: Staude, 5–30 cm hoch. Spatelförmige Laubblätter in einer Rosette angeordnet. Oberseite grün-grau erscheinend, Unterseite weißlich filzig. Blattspreite beiderseits silbrig behaart. Pflanze bildet nach allen Seiten dünne Ausläufer, mit Belaubung. Oft Rasen bildend, hellgrau-grün, behaart. Blüten einzeln, auf langem, blattlosem Stiel, der silbrig behaart ist. Die 1 cm langen Hüllblätter in mehreren Reihen, behaart, graufilzig. Nur zungenförmige, hellgelbe, zwittrige Blüten. Randblüten gelegentlich unterseits rötlich gestreift.
◎ Blüte: Juli bis August.

◎ **BIOTOP**: vom Tiefland bis in die obere alpine Zone verbreitet. Auf sandigen Feinschuttflächen, trockenen Ruderalflächen, an Wegrändern, in Felsspalten.
◎ Bis in 1.800 m Höhe beobachtet.

◎ **VERBREITUNG**: Skandinavien, Mitteleuropa.

Herbst-Schuppenlöwenzahn

Scorzoneroides autumnalis L. MOENCH

Familie: Korbblütengewächse – Asteraceae

E. Autumn Hawkbit N. Følblom S. Höstfibbla

◎ **BIOLOGIE**: Staude, 10–15 cm hoch. Rhizom kräftig. Grundblätter in einer Rosette angeordnet. Blattspreite länglich, grobgesägt-schrotsägenförmig, hellgrün. Blütenstängel aufrecht, mit Verzweigungen und lanzettlichen Tragblättern in den Blattachseln. Stängel führt Milchsaft. Oberes Ende verdickt, mit Schuppen. Blütenköpfe einzeln, endständig, aufrecht. Hüllblätter lanzettlich, mehrreihig, dunkelgrün, schwärzlich behaart. Kronblätter zungenförmig, zwittrig, gelb. Kalk meidend.
◎ Blüte: Juli bis September.

◎ **BIOTOP**: von der subalpinen bis in die mittlere alpine Zone verbreitet. In Fjäll-Birkenwäldern, auf Wiesen, Schneeböden, in Hochstaudenfluren.
◎ Bis in 1.400 m Höhe beobachtet.

◎ **VERBREITUNG**: Skandinavien, Island, Shetland-Inseln, Mitteleuropa.

Nördliche Pestwurz

Petasites frigidus (L.) FR.

Familie: Korbblütengewächse – Asteraceae

E. Lapland Butterbur N. Fjellpestrot S. Fjällskråp

◎ **BIOLOGIE**: Staude, 20–40 cm hoch. Stängel aufrecht, längs gerieft, grün, rotbraun überlaufen. Grundständige Blätter lang gestielt, erscheinen nach der Blüte. Blattspreite herzförmig-rundlich, derb. Oberseite grün, dunkelweinrot überlaufen, Unterseite weißfilzig behaart. Spreitenrand grob gezähnt. Stängelblätter lanzettlich, den Stängel verhüllend, grün. Blütenkörbe endständig, rispenförmig, gedrängt erscheinend. Hüllblätter mehrreihig, grün. Pflanzen mit rötlichen Blüten männlich, mit weißen Blüten weiblich.
◎ Blüte: Juni bis August.

◎ **BIOTOP**: von der subalpinen bis in die mittlere alpine Zone verbreitet. An Moorrändern, Bachrändern, auf quelligen Wiesen, auf Schneeböden.
◎ Bis in 1.400 m Höhe beobachtet.

◎ **VERBREITUNG**: Skandinavien, Svalbard.

Huflattich

Tussilago farfara L.

Familie: Korbblütengewächse – Asteraceae

E. Coltsfoot N. Hestehov S. Hästhov

◎ **BIOLOGIE**: Staude, 5–15 cm hoch. Grundständige Blätter lang gestielt, erscheinen nach der Blüte. Blattspreite herzförmig-rundlich, hellgrün. Jung unterseits filzig behaart, später verkahlend. Spreitenrand geschweift-buchtig. Nerven rotbraun. Blütenstängel aufrecht, hohl, weißfilzig behaart. Mit wechselständigen, kleinen, lanzettlichen, rotbraunen Blättchen, Basis heller. Blütenkörbe einzeln, endständig. Viele Hüllblätter, schmallanzettlich, grün, bilden einen flachen, hohlen Korb. Blütenrand mit Zungenblüten (weiblich). Mittige Röhrenblüten zwittrig, nur Staubblätter fertil. Alle Blüten goldgelb. Kalkhold.
◎ Blüte: Mai bis Juni.

◎ **BIOTOP**: von der subalpinen bis in die untere alpine Zone verbreitet. In Hochstaudenfluren, zwischen Gebüsch, an Abrutschhängen.
◎ Bis in 850 m Höhe beobachtet.

◎ **VERBREITUNG**: Skandinavien, Island, Shetland-Inseln, Mitteleuropa.

Gewöhnliches Katzenpfötchen

Antennaria dioica (L.) GAERTN.

Familie: Korbblütengewächse – Asteraceae

E. Cats Foot N. Kattefot S. Kattfot

◎ **BIOLOGIE**: Staude, 10–20 cm hoch. Rhizom oberirdisch, kriechend, Wurzeln bildend. Stängel aufrecht, mit lanzettlichen weißfilzig behaarten Blättchen. Grundblätter in einer Rosette angeordnet. Blattspreite spatelig, Oberseite grün-graugrün, Unterseite weißfilzig. Stängelspitze mit 6–12 Blütenköpfen. Die Art ist zweihäusig. Männliche Blütenköpfe mit weißen Hüllblättern, weibliche Blütenköpfe mit rosa Hüllblättern. Reproduktion überwiegend vegetativ. Kalk meidend.

◎ Blüte: Juni bis Juli.

◎ **BIOTOP**: von der unteren alpinen bis in die obere alpine Zone verbreitet. Auf trockenen Gras- und Heideflächen, in Zwerg-Birkengesellschaften.

◎ Bis in 1.800 m Höhe beobachtet.

◎ **VERBREITUNG**: Skandinavien, Mitteleuropa.

Alpen-Katzenpfötchen

Antennaria alpina (L.) GAERTN.

Familie: Korbblütengewächse – Asteraceae

E. Alpine Cats Foot N. Fjellkattefot S. Fjällkattfot

◎ **BIOLOGIE**: Staude, 5–15 cm hoch. Rhizom Wurzeln bildend, graupelzig. Grundblätter in einer Rosette angeordnet. Blattspreite spatelig-lanzettlich. Oberseite hellgrün, fein graupelzig, Unterseite grün-graugrün. Stängelblätter lanzettlich, aufrecht, hellgrün, pelzig behaart. Stängelspitze mit 3–6 Blütenköpfen. Die Art ist zweihäusig. Männliche Pflanzen sehr selten. Weibliche Pflanzen mit graubraunen-grünbraunen Hüllblättern. Röhrenblüten weißlich. Reproduktion vegetativ. Kalk meidend.
◎ Blüte: Juni bis August.

◎ **BIOTOP**: von der unteren alpinen bis in die obere alpine Zone verbreitet. In Gras- und Zwergstrauchheiden, an Bergkuppen, Hangabsätzen.
◎ Bis in 1.700 m Höhe beobachtet.

◎ **VERBREITUNG**: Skandinavien, Island, nördliches Asien.

Norwegisches Ruhrkraut

Gnaphalium norvegicum GUNNERUS

Familie: Korbblütengewächse – Asteraceae

E. Highland Cudweed N. Setergråurt S. Norsknoppa

◎ **BIOLOGIE**: Pflanze zweijährig bis ausdauernd, 10–25 cm hoch. Stängel aufrecht, grün, pelzig silbergrau. Grundblätter schmallanzettlich, grün, silberpelzig. Zur Blütezeit vertrocknet. Stängelblätter wie Grundblätter, 3–5 nervig. Blütenköpfe 1–3, dicht gedrängt, in endständiger Ähre. Blütenkorb kelchförmig. Hüllblätter mit breitem, schwarzbraunem, häutigem Rand. Zungenblüten fehlen. Röhrenblüten gelb-hellbraun. Reproduktion vegetativ. Kalk meidend.
◎ Blüte: Juli bis August.

◎ **BIOTOP**: von der subalpinen bis in die mittlere alpine Zone verbreitet. In Fjäll-Birkenwäldern, zwischen Weidengebüsch, in Beerenheiden, auf Schneeböden.
◎ Bis in 1.400 m Höhe beobachtet.

◎ **VERBREITUNG**: Skandinavien, Island, Mitteleuropa.

Zwerg-Ruhrkraut

Gnaphalium supinum L.

Familie: Korbblütengewächse – Asteraceae

E. Dwarf Cudweed N. Dverggråurt S. Fjällnoppa

◎ **BIOLOGIE**: Staude, 2–10 cm hoch. Rhizom oberirdisch, kriechend, viele sterile Triebe. Grundblätter in einer Rosette angeordnet. Blattspreite lanzettlich, hellgrün-graufilzig. Stängel aufrecht, graufilzig. Stängelblätter wenige, lanzettlich, graufilzig. Blütenköpfe 2–6, klein, dicht gedrängt. Hüllblätter spitz, mit braunhäutigem Rand. Blüten: Hüllblätter sternförmig, hellgrün. Zungenblüten fehlen. Röhrenblüten schwefelgelb-bräunlich, fertil. Reproduktion vegetativ. Kalk meidend.
◎ Blüte: Juli bis August.

◎ **BIOTOP**: von der subalpinen bis in die obere alpine Zone verbreitet. Auf kurzrasigen Wiesen, feuchten Sandböden, Schwemmsandflächen, in Schneetälchen.
◎ Bis in 1.900 m Höhe beobachtet.

◎ **VERBREITUNG**: Skandinavien, Island, Shetland-Inseln, nördliches Nordamerika, Mitteleuropa.

Sibirische Aster

Aster sibiricus L.

Familie: Korbblütengewächse – Asteraceae

E. Arctic Aster N. Sibiraster S. Sibirsk Aster

◎ **BIOLOGIE**: Staude, 5–10 cm hoch. Pflanze mit kurzem, schwach aufgebogenem, rotbraunem Stängel. Blätter wechselständig. Blattspreite lanzettlich-breitlanzettlich, grün, glänzend. Spreitenrand silbrig behaart. Blüten einzeln, endständig am Spross. Hüllblätter mehrreihig, grün, silbrig behaart. Randständige Zungenblüten schmallanzettlich, rotbraun, steril. Röhrenblüten mittig, goldgelb-bräunlichgelb, zwittrig, fertil. Sehr selten!
◎ Blüte: Juli bis August.

◎ **BIOTOP**: von der unteren alpinen bis in die obere alpine Zone verbreitet. Auf Magerrasen, Kies- und Schotterflächen, an Fels- und Abbruchkanten.
◎ Bis in 1.600 m Höhe beobachtet.

◎ **VERBREITUNG**: Skandinavien.

Gewöhnliche Goldrute

Solidago virgaurea L.

Familie: Korbblütengewächse – Asteraceae

E. Golden rod N. Gullris S. Gullris

◎ **BIOLOGIE**: Staude, 15–100 cm hoch. Stängel aufrecht, grün-bräunlich, oberes Drittel behaart. Laubblätter gestielt, wechselständig, hellgrün. Blattspreite lanzettlich, kahl. Spreitenrand fein gesägt-glatt. Blüten rispig angeordnet. Hüllblätter mehrreihig, grün, kurz behaart. Zungenblüten 6–12, randständig, gelb, steril, deutlich länger als die Hüllblätter. Röhrenblüten mittig, gelb-goldgelb, zwittrig, fertil. Kalkhold.
◎ Blüte: Juli bis August.

◎ **BIOTOP**: von der subalpinen bis in die mittlere alpine Zone verbreitet. In Fjäll-Birkenwäldern, in Hochstaudenfluren, auf Magerrasenflächen.
◎ Bis in 1.300 m Höhe beobachtet.

◎ **VERBREITUNG**: Skandinavien, nördliches Nordamerika, Mitteleuropa.

Scharfes Berufkraut

Erigeron acris L.

Familie: Korbblütengewächse – Asteraceae

E. Blue Fleabane N. Bakkestjerne S. Gråbinka

◎ **BIOLOGIE**: Pflanze zweijährig bis ausdauernd, 10–30 cm hoch. Rhizom kräftig. Stängel aufrecht, mehrkantig, grün-bräunlich, rauhaarig. Grundblätter in einer Rosette angeordnet. Blätter lang gestielt. Blattspreite lanzettlich-spatelförmig, heller Mittelnerv, grün, rauhaarig. Stängelblätter wie Grundblätter, aber spitz auslaufend. Blattspreite grün, rauhaarig. Blütenstiele in den Blattachseln, grün-hellbraun, rauhaarig. Hüllkelch mehrreihig, spitzlanzettlich, grün, rauhaarig. Zungenblüten am Rand, hellpurpur-hellweinrot, verblassend. Röhrenblüten mittig, gelb, zwittrig, fertil. Kalk meidend.
◎ Blüte: Juli bis August.

◎ **BIOTOP**: von der subalpinen bis an die mittlere alpine Zone verbreitet. An Gebüschkanten, auf grasigen Schotterflächen, an sonnigen Plätzen.
◎ Bis in 1.100 m Höhe beobachtet.

◎ **VERBREITUNG**: Skandinavien, nördliches Asien, Mitteleuropa.

Einköpfiges Berufkraut

Erigeron uniflorus L.

Familie: Korbblütengewächse – Asteraceae

E. Dwarf Fleabane N. Fjellbakkestjerne S. Fjällbinka

◎ **BIOLOGIE**: Staude, 5–15 cm hoch. Rhizom kräftig. Stängel aufrecht, rund, grün-rotbraun, weißlich behaart. Grundblätter in einer Rosette angeordnet. Blattspreite spatelförmig, Spitze stumpf, grün, weißlich behaart. Stängelblätter lanzettlich, sitzend, mit braunem Mittelnerv, grün, weißlich behaart. Blütenkörbe endständig. Hüllblätter schmallanzettlich, hellbraun, weißlich behaart. Zungenblüten am Rand, weiß, später violett werdend, steril. Röhrenblüten mittig, gelb, Spitzen später rötlich werdend, zwittrig, fertil.
◎ Blüte: Juli bis August.

◎ **BIOTOP**: von der subalpinen bis in die mittlere alpine Zone verbreitet. An windexponierten Stellen, Abrutschhängen, auf grasigen Schotterflächen.
◎ Bis in 1.400 m Höhe beobachtet.

◎ **VERBREITUNG**: Skandinavien, Island, Svalbard, Mitteleuropa.

Norwegischer Wermut

Artemisia norvegica FR.

Familie: Korbblütengewächse – Asteraceae

E. Norwegian Wormwood N. Norsk malurt S. Norsk malört

◎ **BIOLOGIE**: Staude, 10–20 cm hoch. Stängel aufrecht bis gebogen, gelblich-grün-hellbraun, wollhaarig. Grundblätter in einer Rosette angeordnet, mehrteilig gefiedert. Stängelblätter doppelt gefiedert, Fiedern lanzettlich-länglich, hellgrün, behaart. Blütenstiele aufrecht, mit 1–8 nickenden Blütenköpfen. Hüllkelch 2reihig, kugelförmig, schwarzgrün. Zungenblüten fehlen. Röhrenblüten gelb, den Korb überragend. Blüten duften angenehm. Kalkhold. Sehr selten!
◎ Blüte: August.

◎ **BIOTOP**: von der unteren alpinen bis in die obere alpine Zone verbreitet. Auf kiesigen Flächen, an Abrutschhängen, zwischen Geröll, bevorzugt windexponierte Lagen.
◎ Bis in 1.700 m Höhe beobachtet.

◎ **VERBREITUNG**: Skandinavien (nur im norwegischen Fjell).

Sumpf-Schafgarbe

Achillea ptarmica L.

Familie: Korbblütengewächse – Asteraceae

E. Sneezewort N. Nyseryllik S. Nysört

◎ **BIOLOGIE**: Staude, 15–60 cm hoch. Rhizom mit aufrechten Stängeln, im oberen Abschnitt verzweigt. Blätter kurz gestielt, linealisch-lanzettlich, grün-dunkelgrün, glänzend. Spreitenrand tief gebuchtet und fein gesägt, gelegentlich behaart. Blüten in einer zusammengesetzten Rispe. Hüllkelch mehrreihig. Hüllblätter lanzettlich, grün, Rand braun-violett, schwach behaart. Randständige Zungenblüten 8–13, weiß, steril. Röhrenblüten mittig, bräunlichweiß, fertil. Kalk meidend.
◎ Blüte: Juli bis August.

◎ **BIOTOP**: vom Tiefland bis in die mittlere alpine Zone verbreitet. Auf nassen Schotterflächen, quelligen Wiesen, in Hochstaudenfluren, an Moorrändern.
◎ Bis in 1.400 m Höhe beobachtet.

◎ **VERBREITUNG**: Skandinavien, Island, Mitteleuropa.

Gewöhnliche Schafgarbe

Achillea millefolium L.

Familie: Korbblütengewächse – Asteraceae

E. Yarrow N. Ryllik S. Röllika

◎ **BIOLOGIE**: Staude, 15–60 cm hoch. Rhizom mit aufrechten Stängeln, oberer Abschnitt verzweigt und behaart. Blätter linealisch-lanzettlich, wechselständig. Blattspreite 2–3fach gefiedert, zur Spitze kleiner werdend, dunkelgrün. Seitenfiedern etwas aufrecht stehend. Blüten in endständiger, zusammengesetzter Rispe. Blütenkorb mehrreihig, mit häutigem Rand, grün, weißlich behaart. Zungenblüten randständig, breitblättrig, weiß-purpur überlaufen, steril. Röhrenblüten mittig, cremefarbig-gelblich, fertil. Angenehm duftend!
◎ Blüte: Juli bis August.

◎ **BIOTOP**: vom Tiefland bis in die untere alpine Zone verbreitet. Auf Wiesen, Schotterflächen, an Wegrändern, in Hochstaudenfluren.
◎ Bis in 900 m Höhe beobachtet.

◎ **VERBREITUNG**: Skandinavien, Island, Svalbard, Shetland-Inseln, nördliches Nordamerika, Mitteleuropa.

Rainfarn

Tanacetum vulgare L.

Familie: Korbblütengewächse – Asteraceae

E. Common Tansy N. Reinfann S. Renfana

◎ **BIOLOGIE**: Staude, 50–100 cm hoch. Stängel aufrecht, selten verzweigt. Mit Längsriefen, kahl, grün. Blätter am Spross wechselständig. Blattspreite fiederschnittig, grün. Blütenkörbe in einer doldenähnlichen Rispe, endständig. Blütenkorb scheibenförmig, Hüllblätter hellgrün. Zungenblüten (Randblüten) fehlen oder nur selten vorhanden. Röhrenblüten (Scheibenblüten) zwittrig, fertil, goldgelb.
◎ Blüte: Juli bis August.

◎ **BIOTOP**: vom Tiefland bis in die subalpine Zone verbreitet. Auf mäßig feuchten Böden, Ruderalflächen, in feuchtem Steinschotter, in Hochstaudenfluren.
◎ Bis in 900 m Höhe beobachtet.

◎ **VERBREITUNG**: Skandinavien, Island, Shetland-Inseln, Mitteleuropa.

Strahlenlose Kamille

Matricaria discoidea DC.

Familie: Korbblütengewächse – Asteraceae

E. Pineapple Mayweed N. Tunbalderbrå S. Gatkamomill

◎ **BIOLOGIE**: Pflanze einjährig, 8–30 cm hoch. Mehrere aufrechte Stängel, teilweise bogig, im oberen Drittel verzweigt, grün. Blätter wechselständig. Blattspreite 2–3fach gefiedert, mit langen, linealischen Zipfeln, grün. Blütenkörbchen einzeln am Stängelende und den verzweigten Ästen. Hüllblätter mehrreihig angeordnet, fast gleichlang, schmal eiförmig-linealisch. Hüllblattrand mit grünlich-weißem Häutchen. Körbchenboden halbkugelig, hohl. Spreublätter und Randblüten fehlen oder selten vorhanden. Scheibenblüten zwittrig, grünlich-gelb.
◎ Blüte: Juni bis August.

◎ **BIOTOP**: vom Tiefland bis in die untere alpine Zone verbreitet. Auf Ruderalflächen, festen Feinsandflächen, an Wegrändern.
◎ Bis in 850 m Höhe beobachtet.

◎ **VERBREITUNG**: Skandinavien, Island, Shetland-Inseln, Mitteleuropa, Nordamerika.

Wiesen-Margerite

Leucanthemum vulgare (VAILL.) LAM.

Familie: Korbblütengewächse – Asteraceae

E. Oxeye Daisy N. Prestekrage S. Prästkrage

◎ **BIOLOGIE**: Staude, 8–60 cm hoch. Stängel aufrecht, wenig verzweigt, kahl, grün. Unter der Blüte kurzhaarig rau, auch fehlend. Blätter im unteren Bereich in geringen Abständen. Blattspreite lanzettlich-spatelig. Spreitenrand kammförmig, mit verschieden langen Zipfeln. Im oberen Bereich Blätter Stängel umfassend. Blattspreite spatelig. Spreitenrand gesägt-buchtig, grün. Blütenkörbchen am Stängelende sowie an seinen Verzweigungen. Hüllblätter überlappen sich, grün, Ränder hell-dunkelbraun. Zungenblüten (Randblüten) 1–2 cm lang, weiß, steril. Scheibenblüten röhrenförmig, goldgelb, fertil.
◎ Blüte: Juni bis Oktober.

◎ **BIOTOP**: vom Tiefland bis in die mittlere alpine Zone verbreitet. Auf mäßig feuchten Wiesen, an lichten Gebüschrändern, auf Ruderalflächen.
◎ Bis in 1.100 m Höhe beobachtet.

◎ **VERBREITUNG**: Skandinavien, Island, Shetland-Inseln, Mitteleuropa.

Schmalblättrige Arnika

Arnica angustifolia VAHL subsp. alpina (L.) FERGUSON

Familie: Korbblütengewächse – Asteraceae

E. Alpine Arnica N. Fjellsolblom S. Fjällarnika

◎ **BIOLOGIE**: Staude, 10–20 cm hoch. Grundständige Blätter in einer Rosette angeordnet. Blattspreite groß, lanzettlich, hellgrün, fein weißhaarig. Blütenstängel aufrecht, hellgrün, wollhaarig. Mit mindestens einem halb den Stängel umfassenden, lanzettlichen Blatt. Blütenkorb endständig. Hüllblätter mehrreihig, grün, weißlich behaart. Zungenblüten mit 2–3 Zähnchen, schwefelgelb-gelb, steril. Röhrenblüten mittig, zwittrig, fertil, gelb-braun. Kalkhold.
◎ Blüte: Juli bis August.

◎ **BIOTOP**: von der subalpinen bis in die mittlere alpine Zone verbreitet. Auf trockenen Böden, in Heiden, an Abrutschkanten, in Felsspalten.
◎ Bis in 1.200 m Höhe beobachtet.

◎ **VERBREITUNG**: Skandinavien, Svalbard.

Register

DEUTSCHE NAMEN

Lofoten
Michael Möbius / Annette Ster
Edition Elch

WISSENSCHAFTLICHE NAMEN

LITERATUR

ERHARDT, GÖTZ, BÖDEKER, SEYBOLD, 2014: *Zander – Handwörterbuch der Pflanzennamen.* 19. Auflage. Verlag Eugen Ulmer, Stuttgart

ROTHMALER, W., 2016: *Exkursionsflora von Deutschland.* Gefäßpflanzen: Grundband. 21. Auflage. Springer Spektrum, Berlin – Heidelberg

Nur noch im Antiquariat erhältlich:

GREY-WILSON, CH., BLAMEY, M., 2000: *Store Illustrerte Flora for Norge og Nord-Europa.* 3. Auflage. N.W. Damm og Søn AS – Teknologisk Forlag, Oslo

OLSSON, O.G., NYLEN, B., 1985: *Fjäll Flora.* P.A. Nordstedt & Söners Förlag, Stockholm

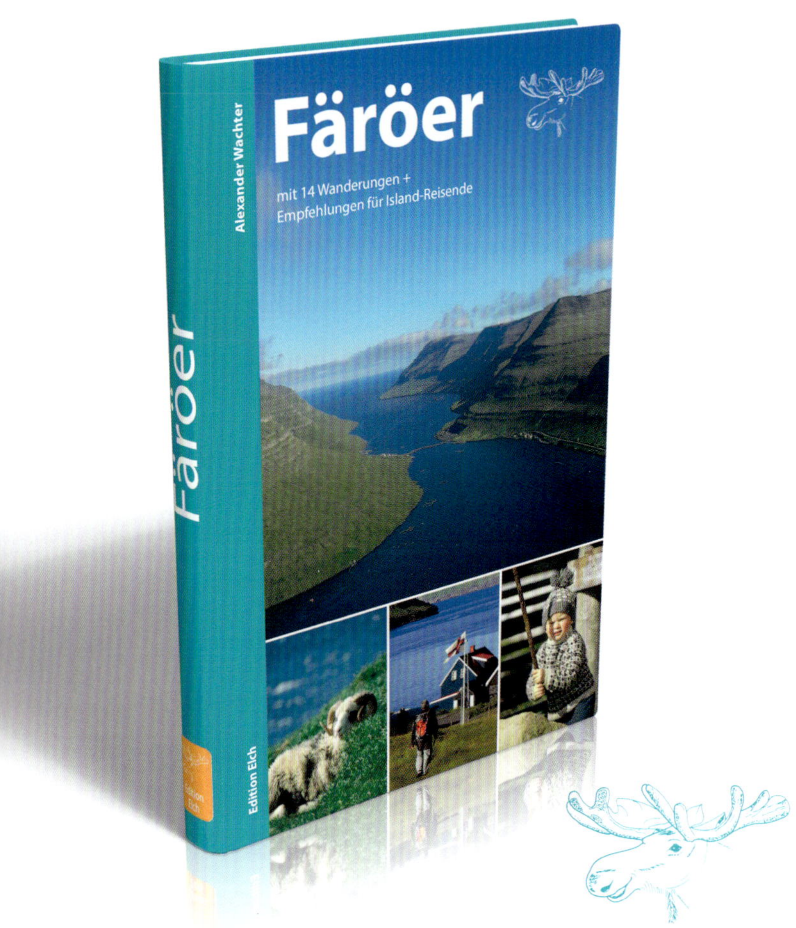

Färöer
mit 14 Wanderungen +
Empfehlungen für Island-Reisende
Alexander Wachter
Färöer
Edition Elch

www.edition-elch.de

Updates zu Buchinhalten,
Leseproben, Leserpost,
Links in den Norden,
Verlagsprogramm

Ausgewiesene Landeskenner schreiben für Individualtouristen:
kompetent, zuverlässig, aktuell – **die Skandinavien-Spezialisten**

NORWEGEN

Lofoten (Möbius / Ster)
Fjordruta – Wandern in Norwegen (Geh)
Fjorde, Gletscher, Wasserfälle – Radwandern in Norwegen (Geh)

SCHWEDEN

Schweden: Småland, Öland, Blekinge (Bock-Schröder / Geh)
Kanuwandern in Schweden (Schwarz, Hrsg.)

DÄNEMARK

Dänische Inseln 1: Fünen, Langeland, Ærø (Geh) *
Dänische Inseln 2: Lolland, Falster, Møn (Geh)

FINNLAND

Åland-Inseln (Labonde / Kuehn-Velten)
Saimaa und Karelien (Labonde / Kuehn-Velten)
Südwestküste mit Turku (Labonde / Kuehn-Velten) *

EINZELTITEL SKANDINAVIEN

Färöer (Wachter) *
Skandinavien – Pflanzen im Fjäll (Gottschalk)
Nordskandinavien – Der Wanderführer (Bickel)

* Neuauflage in Vorbereitung